YIXIAN ZHUANJIA DAYI CONGSHU

一线专家答疑丛书

河蟹健康养殖百问百答

第 二 版

周 刚 宋长太 主编

U0238294

中国农业出版社

内 容 提 要

　　本书所述的河蟹健康养殖技术，是作者20余年来潜心研究河蟹所取得的成果和丰富经验。本书内容丰富、翔实，实用性、可操作性强，是一本难得的科普著作。

　　全书共分11个部分。包括河蟹产业概述，河蟹生物学特性，蟹苗生产、选购及运输，优质蟹种的培育技术、优质商品蟹的养殖技术，河蟹养殖生态环境的营造，河蟹饲料与投喂技术，河蟹养殖中的管理技术，河蟹的捕捞与暂养，蟹病综合防治技术和河蟹的消费等内容。

第二版编写者

主　编　周　刚　宋长太

编著者　周　刚　宋长太

　　　　周　军　陆全平

　　　　李旭光　王传慧

　　　　陆文永

第一版编写者

主　编　周　刚

　　　　宋长太

编著者　周　刚

　　　　宋长太

　　　　龚培培

　　　　周　军

　　　　刘　勃

　　《河蟹健康养殖百问百答》（第一版）自2010年8月出版以来，受到了广大河蟹养殖户的欢迎，特别是在江苏、安徽、江西等地区得到了广泛认可。在本书使用过程中，也陆续接到各地关于本书的反馈，著者在使用本书的过程中也发现了部分亟须修改的地方，同时近年来以江苏省为代表的中华绒螯蟹土池育苗、蟹种培育及生态健康养殖技术水平又有了新的突破，原书的部分内容已不适应河蟹养殖发展的要求。正值此时，接到中国农业出版社的约稿，此书被收入丛书《一线专家答疑丛书》，我们立即组织有关专家对书中内容进行了认真修订，以期为读者提供更切合实际应用的技术参考。

　　根据此版修订的原则，删除了空话、套话、原理以及不实用的技术措施等内容，对病害防治用药重新进行了核定，对部分技术内容进行了合并、调序等。同时，也增加最新和实用的养殖技术。另外，也对本书中一些字、词、句进行了校核，以更好地体现本书的实用性和用词的准确性。再版中重大调整包括删除了目前已过时和不常用的一些技术等，新增了河蟹电子商务、中华绒螯蟹"长江1号""长江2号"新品种介绍，河蟹与南美白对虾混养模式、新的病害与防治等内容，对河蟹营养需求、稻田养蟹等内容进行了缩编，对苗种检疫和消毒、生石灰应用等具体内容进行了重点介绍。

　　本版修订，著者努力想将最新的技术和成果展示给大家，但由于著者水平有限，恐难尽如人意，敬请同仁们批评指正并谅解。本次修订人员以第一版编著者为基础进行了微调。

编著者

2016年8月

河蟹学名中华绒螯蟹（*Eriocheir sisensis* H.），是我国特有的名优和出口创汇水产品，经过近30年的发展与完善，河蟹亩均效益、总产值已成为我国淡水养殖品种中的佼佼者，河蟹养殖业已成为我国独具特色的淡水渔业支柱产业之一。据2009年统计资料显示，全国河蟹养殖面积达1149.25万亩，涉及全国30个省、市、自治区，河蟹养殖总产值高达320亿元。

河蟹养殖业现已成为我国独具特色的产业，目前我国已形成涵盖河蟹亲本选育—河蟹生态育苗—优质蟹种培育—优质河蟹生态养殖—河蟹加工、储运—出口创汇等各环节较为完整的产业链。河蟹养殖遍布全国，除西藏以外，其他各省、自治区以及直辖市均有河蟹养殖。多年的发展，河蟹作为高档水产品之一，为丰富水产品市场，满足人们生活的不同需要，为渔民增收致富和出口创汇，起到了积极的推动和促进作用。

目前，我国河蟹产业正面临新的机遇和挑战。特别是随着农村产业结构的调整，河蟹养殖业已成为当前农村产业结构调整、农民增收的主要产业，也是我国渔业生产中发展最为迅速、最具特色、最具潜力的支柱产业。如何在河蟹产业蓬勃发展过程中，使传统养殖模式向生态健康养殖模式转变；如何在养殖过程中，注重经济效益和生态效益的和谐统一；如何降低养殖污染，生产出安全高品质的水产品，使河蟹养殖成为农民致富奔小康的有效途径，这些问题便突显出来。为此，编者将近年来有关河蟹生产过程中遇到的各种问题进行了整理和总结，编写成了《河蟹健康养殖百问百答》一书。

近年来，编者主持了国家十五科技攻关专题"河蟹生态养殖技术研究与示范"、国家"十一五"科技支撑计划课题"淡水名优品种养殖技术研究与示范"和农业部公益性行业科研专项"优质蟹种规模化繁育与养殖示范"项目。本书所述的河蟹健康养殖技术,是编者20余年来潜心研究河蟹养殖技术和生产实践所取得的成果和丰富经验,力求反映我国当前河蟹养殖的现状和水平,解决河蟹养殖中出现的难点和疑点,具有较高的系统性、科学性、实用性和可操作性。因此,本书非常适合广大河蟹养殖户和水产科技推广工作者。

由于河蟹养殖技术日新月异,书中难免存在疏漏和不足之处,敬请广大读者批评指正。

编 者

目　录

6 **六、河蟹养殖生态环境的营造** …… 83

10

一、概　　述

1. 河蟹产业发展现状如何？

（1）**养殖面积迅速扩大，养殖产量稳步上升**　从20世纪80年代初就开始进行人工养殖试点，养殖规模不断扩大，特别是在90年代河蟹养殖的关键技术取得突破后，面积、产量迅速提高。如江苏省产量一直占全国总产量的一半以上，总产值已超过200亿元。

（2）**经济效益不断增长，增收作用显著**　河蟹产业已成为农民尤其是主产区增收的"黄金产业"，成为地方经济的支柱产业。

（3）**养殖技术基本成熟，养殖方式不断创新**　主要核心技术包括亲本的提纯修复，采用生态育苗技术、培育壮苗，推广强化培育大规模蟹种技术，采用生态修复技术、修复养殖水环境，采用稀养、混养和轮养技术，建立完整的河蟹质量标准体系等。

（4）**注重产品质量建设，市场开拓初见成效**　为提高河蟹产品质量，进一步增强市场竞争力，无公害水产品行动计划在河蟹产业中实施，推行标准化生产，开展优质河蟹养殖基地建设，组织河蟹产品的认定。与此同时，江苏、安徽、浙江等省每年在北京、上海、深圳、香港等地举办优质大闸蟹系列推介活动，产区举办"螃蟹节"，进一步提高了河蟹品牌声誉，扩大了市场需求。

（5）**经营机制有所创新，产业化经营开始起步**　随着河蟹养殖规模的扩大和养殖水平的提高，河蟹产业的经营机制也在探索创新，企业化、股份制等现代企业制度的一些元素在河蟹养殖中出现，并呈现出良好的发展势头，带动了河蟹产业的发展壮大。

（6）**销售方式发生了新的变化，电商销售异军突起**　"河蟹产业＋互联网"，正在推动河蟹产业转型升级。河蟹产业迈出了电商新步伐，为业界创新打造了全新的营销物流模式。近年来，电商以有效减少流通环节、大幅度降低流通费用等优势，凭借最新信息技术和现代物流技术的应用，更大程度上提升河蟹物流服务水平，从河蟹产地可以一步到达消费者终端，某些品牌河蟹的电商销售已占据"半壁江山"。

2. 河蟹产业的健康稳定发展应遵循哪些基本思路和战略？

围绕建立河蟹产业发展的长效机制，要坚持"四大发展战略"：

(1) 坚持区域化发展战略，分类打造河蟹支柱产业 在河蟹产业的发展上，要坚持"合理分工，差别发展，发挥优势，扶优助强"的发展原则，沿海地区要充分发挥区域优势、资源优势，规范蟹苗生产企业，积极发展蟹苗、幼蟹生产。其他地区要找准产品的市场定位，充分利用江、河、湖、荡等资源发展商品蟹养殖。在促进产业发展上，经济发达地区要加大倾斜扶持政策，增加对河蟹产业的投入，加强养殖基础设施的建设；经济欠发达地区要充分调动群众积极性，出台优惠政策，鼓励引导农民发展河蟹养殖，使之成为农民增收的"黄金产业"。

(2) 坚持以质取胜战略，实施名牌推进计划 各地要从源头上抓起，树立质量安全意识，建立无公害河蟹养殖生产基地，在种苗、养殖、投入品、保鲜和贮运等环节，严格执行无公害水产品生产标准，控制药物残留，提高产品规格，实行从"水体到餐桌"的全过程质量控制。在强化质量管理的同时，更要注重河蟹品牌的培育。要充分发挥名牌河蟹的品牌效应，提高产业利润。

(3) 坚持科技兴蟹战略，推广生态健康型养殖方式 通过提高科技含量，加强科技创新，使科技创新成为推进河蟹产业走上"科技发展型"之路。一是加强苗种管理，严防乱引乱繁蟹苗，科学筛选高质量的亲蟹，培育优良蟹苗。二是调整养殖策略，实现从"大养蟹"向"养大蟹"、养"生态蟹"转变。要引导渔农民调整养殖思路，从追求"量大"向追求"重质适量"方向发展，实现河蟹产业的可持续发展，实现河蟹养殖利润的最大化。三是推广健康生态养殖模式和套养增值模式。控制养殖密度、科学调控水质，积极推广合理放养、移植水草和螺蛳、科学套养等高效生态模式，促进河蟹健康生长，增加养殖效益。

（4）坚持产业化发展战略，重点培育壮大龙头企业 要按照高标准、多元投入，使养殖、加工形成一条良性循环的产业链。同时，通过精深加工和综合利用，不断提升河蟹深加工的品位和附加值，带动行业整体效益的提高，促进河蟹产业化经营。

3. 为什么说电子商务发展，使河蟹依赖传统销售渠道逐步受限？

河蟹传统销售渠道基本上分为 3 种途径，一部分卖给往年固定的客户，一部分到市场上零售，还有一部分有小贩上门收购。最初主要的销售还是靠水产市场的摊位与沿街叫卖，接着发展品牌宣传、专卖店、超市、酒店等销售手段，销售河蟹的店面开得很多，但是销售环节的成本比较大。企业通过一些传统的营销手段，已经很难在现今的河蟹市场开展销售。一方面是因为限制三公消费，另一方面则是受网店冲击影响，门店租金太高。伴随着网络和信息化成长起来的 80、90 后，已成为中国目前的消费主力军，由于工作比较繁忙，对网购的便利性偏好更强。因此，电子商务方便、快捷、省钱，为了打开河蟹销售渠道，企业就必须引进新的思维和新的方法，可以构建合理的网络购物平台，整合渠道，完善产业布局，河蟹电商销售将成为传统企业的发展重心。

4. 河蟹电子商务发展目前还面临哪些主要问题？

（1）管理体制问题 我国在商品流通领域形成的政府管理体制主要是针对线下实体经济而言的，很多管理方法、保障手段等都不能适应河蟹电子商务的发展需要，如在河蟹网络经营主体的资质审核上，网络经营主体具有虚拟性、跨地域性、动态性和海量性等特点，以有限人力无法管理。

（2）**物流效率问题** 长期以来，物流一直是制约我国电子商务发展的环节。我国县以下的物流配送体系还处于缺失状态，绝大多数地方还无法与河蟹产地对接，物流、配送等环节标准化工作还缺乏细致的探索。

（3）**网络基础设施能力薄弱** 我国由于经济实力和技术等方面的原因，网络基础设施建设还比较缓慢和滞后，已建成的网络质量离河蟹电子商务的要求还有差距。

（4）**网络安全性不高** 河蟹电子商务涉及多方面的安全问题，如电子支付安全、信息安全、货物安全、商业秘密等，我国网络和计算机系统的安全质量较为落后，网络间数据的传输、交换和处理很容易遭到窃听、截取和篡改。

（5）**电子商务的税收问题** 由于河蟹电子商务的交易活动是在没有固定场所的信息网络环境下进行，造成国家难以控制和收取河蟹电子商务的税金。

（6）**法律、法规、政策和规划等宏观环境有待培育** 我国目前虽出台了一些涉及网络安全和国际互联网方面的法规，但有关发展电子商务的统一指导框架和专门立法还存在空缺。

（7）**人才问题** 河蟹电子商务是信息现代化与商务的有机结合，所以能够掌握电子商务理论与技术的人才的短缺，可能成为阻碍我国河蟹电子商务发展的一个重要因素。

（8）**诚信体系问题** 河蟹电子商务的诚信体系不健全，严重时造成电商物流配送到消费者手中的河蟹，存在品牌乱、产地乱、品质乱、规格乱等乱象，严重影响了消费者网购河蟹的信心，破坏了河蟹电子商务的形象。

5. 中华绒螯蟹"长江1号""长江2号"新品种有何特点？

中华绒螯蟹"长江1号"（新品种登记号 GS-01-003-2011）是由江苏省淡水水产研究所选育而成，其基础群体是2000年11月从国家级江苏高淳固城湖中华绒螯蟹原种场收集、保存的长江水系中华绒螯蟹。

　　"长江2号"河蟹（新品种登记号 GS-01-004-2013）是由江苏省淡水水产研究所以 2003 年从荷兰引回的莱茵河水系中华绒螯蟹为基础群体，采用群体选育技术，以生长速度、个体规格为选育指标，经连续 4 代选育而成。

　　"长江1号"与"长江2号"主要优点：生长速度快，2 龄成蟹生长速度提高 16.70%；形态特征显著，具有长江水系中华绒螯蟹青背、白肚、金爪、黄毛的主要特征，背甲宽大于背甲长呈椭圆形，体型好；生产性能稳定，规格整齐，雌、雄体重变异系数均小于 10%。目前，河蟹已作为江苏省海洋与渔业局力推的水产养殖新品种，"长江1号"与"长江2号"苗种用于规模化养殖。中华绒螯蟹"长江1号"在单数年份繁苗，双数年份供应蟹种；"长江2号"在双数年份繁苗，单数年份供应蟹种。

6. 提高河蟹养殖业经济效益有哪些途径？

　　（1）品牌战略　地方政府和渔业行政主管部门应组织养蟹行业协会，创建龙头企业，担当起维护河蟹品牌及创建名牌的重要责任；养殖者或龙头企业应尽早为自己的螃蟹注册商标；对名牌螃蟹要实行合格证制度，加强质量管理，跨越"市场准入"的门槛，设立较固定、有名气的专卖店或电商平台，使生产者、中间商、分销商逐渐形成较稳固的一条龙销售网络，增强螃蟹在市场和消费者中的信誉度。

　　（2）限制规模　对现有的养殖户，一方面要保证河蟹养殖业的可持续发展而适当压缩，从强调"量大"向"重质适量"方向发展，或转向其他品种的养殖。

　　（3）开拓市场　从销售渠道看，我国香港等境外市场要求雌蟹的规格在 200 克、雄蟹 225 克以上；从社会购买力看，大城市 100～150 克规格的河蟹是热销商品；中等城市则以 100 克左右规格的河蟹较为畅销，75 克左右的小规格蟹是小城镇居民和农村市场的首选。因此，养殖者要在对市场定位的前提下组织生产和销售，才能保证适销对路。

　　（4）以质取胜　必须从源头抓起，树立安全意识，从维护和改善河蟹养殖生产环境入手，建立无公害河蟹生产基地，在种苗、养殖、渔药、保鲜活和贮运等环节，严格执行无公害水产品的各项标准，大力提倡和推广"以防为主"的病防措施，限制药物的使用。要实行"大水面、小群体、大个体"的稀养原则，全面实施以种植水草，投喂螺蛳、小杂鱼等鲜活饵料为主的健康生态养殖模式，以优质蟹赢得市场，获得高价。

(5) 混养增效 养蟹水面混养，有混养单一品种和多品种混养等方式。单一品种有鳜、黄颡鱼、塘鳢、黄鳝和泥鳅等，如每亩*蟹池套放 3~5 厘米的鳜夏花 50~60 尾或尾重 50~100 克的鳜鱼种 10~20 尾，经过 5~6 个月的饲养，每亩可捕获尾重 400~600 克的商品鳜 5~15 千克。多品种混养，就是除放养蟹种外，混养部分鲢、鳙、异育银鲫等鱼种，并放养一定数量的抱卵青虾或虾苗种，形成鱼、虾、蟹互利共存的复合生态系统，起到了"东方不亮西方亮"的效果，降低了单一养殖受市场因素影响的风险。

(6) 暂养增殖 通过暂养增殖，必须在考虑水温条件、捕捞难易和看准市场等因素的前提下进行，选择较好的暂养场地（水质清新、溶氧充足）和方式，适当投喂优质饵料，河蟹体重还会略有增加。

7. 河蟹健康养殖对环境条件有什么要求？

健康养蟹必须注意以下几点：

(1) 水源充足，水质清新无污染 养殖水源被工厂排放的污水污染，如果养蟹池进入污染水，轻则使河蟹体内积累毒性，影响河蟹品质，食用对人体有害；重则使河蟹大规模死亡。

(2) 生存环境建设要合理 河蟹养殖不仅要水源充足，水深面阔、排灌方便，污泥少、水质清新，饵源充沛，而且还要根据河蟹的特性建设好河蟹的生存环境。要有深水区和浅水区，深浅水区面积之比为 3∶1 以上。

---

* 亩为非法定计量单位，1 亩＝1/15 公顷。

（3）**引进的苗种无病原微生物**　引进和使用有病或有病原体潜伏又未消毒的苗种，待发病的条件成熟时，就能造成某种蟹病的流行或大流行。很多养蟹户到外地购买河蟹苗种不调查暗访，是否发生过病害；买回的苗种不检验检测，苗种是否带有病原体；放入蟹池之前不进行消毒；实践证明，从发病区引进的蟹种大都会发病，健康蟹种就很少发病。

（4）**注意引进苗种的品质**　一些育苗场家河蟹亲本基本上都选自于本区域的养殖成蟹，不经严格挑选，更缺乏必要的技术措施和手段，造成长江水系河蟹特有的品质逐步退化，种质资源的混杂，免疫力下降。外购的蟹苗、蟹种质量得不到保证，加上长途运输、检验检疫、消毒等工作做不到位，造成了蟹种培育和成蟹养殖病害经常发生。因此，广大养蟹户一定要注意引进品质优良的苗种。

（5）**选药用药要慎重**　在河蟹疾病流行季节，许多蟹农发现河蟹生病或死亡时，就会手忙脚乱，胡乱用药。结果蟹病不但没有防治好，反而增加了成本，产生了一些副作用，增强了病原体的抗药性。有的还影响到子代，造成下一代滞长、畸形，发病率高。因此，在防治河蟹病害时，用药一定要慎重。

（6）**养殖模式要合理**　一些养蟹户在养殖商品蟹的过程中，总会在5、6月再投养一部分仔蟹，年底收获时，捕成熟的蟹，留下的蟹继续再养，翌年5、6月再补充仔蟹。对这种养殖模式，他们不但看不到它的危害性，反而认为是养蟹的"好办法"，结果造成大蟹和敌害残杀小蟹和软壳蟹的现象很严重；商品蟹捕完后不便和不能彻底清塘消毒，否则会伤害幼蟹，导致潜伏在底泥和幼蟹身上的病原体，待条件和时机成熟产生各种病害。放养的河蟹苗种要保证规格一致，养殖一个周期要彻底清塘消毒。

（7）**苗种放养密度要合理**　在养蟹水平一般地区，养蟹户普遍存在不顾具体条件，盲目追求高密度，认为多放产量高，效益好，结果高密度带来河蟹发病率高，规格小，残杀率高。要求养蟹户每亩放600～1 200只。

（8）**投喂的饲料营养要合理**　在养蟹过程中，有的养蟹户投饵不足，使河蟹生长慢，躯体瘦弱；有的投饵虽较多，但饵料质量差，不能满足其营养需求；有的只投喂植物性饵料，不投动物性饵料，造成蛋白质缺乏等。河蟹营养缺乏，抗病力就弱，因而发生各种病害的概率也就会高起来。要求广大养蟹户按照河蟹的营养需求来饲养管理，使河蟹健康生长。

8. 申请河蟹绿色食品标志使用有哪些程序？

（1）**申请**　申报企业出具正式的申请报告，填写"绿色食品标志使用申请表"，内容包括申请单位全称、地址，产品名称、包装方式，注册商标、编号和产品特点简介、原料生产环境简介等内容，经市、县（市）绿色食品管理部门签署意见后，报送省绿色食品办公室。

（2）**初审**　省级绿色食品办公室安排2名（或2名以上）绿色食品专职管理人员赴企业现场考察、听证，提出考察结论、整改意见，企业及时整改并报"整改意见的回复"。

（3）**环境监测**　省级绿色食品办公室委托定点的环境监测机构，进行环境监测的布点、采样、分析，并出具环境调查、监测和评价的报告。

（4）**培训**　省级绿色食品办公室派出专职人员，赴企业举办由企业管理人员、技术人员、生产骨干、营销人员等参加的绿色食品知识培训班。

（5）**材料申报**　企业负责按规范要求，准备全套申报材料，经市、县（市）主管部门预审后，报省级绿色食品办公室，申报材料经省级绿色食品办公室审核合格后，上报中国绿色食品发展中心一审，一审合格后，中国绿色食品发展中心发产品抽样检验单至省绿色食品办公室。

（6）**终审**　由省级绿色食品办公室派专人赴企业或委托市、县（市）主管部门随机抽取样品加封后，由企业送指定的绿色食品质量检验中心检验；绿色食品检验中心报送该企业的产品的检验报告至中国绿色食品发展中心终审。

（7）**领证**　终审合格后，由省级绿色食品办公室通知企业法人代表或法人代表委托人，赴北京办理领取绿色食品证书的有关事宜。

9. 河蟹绿色食品的全程质量控制有哪些要求?

(1) 对养殖场周围环境的控制 执行 NY/T391 标准。河蟹养殖场周围环境要确保无物理、化学等污染源。如果河蟹养殖水面与农田、工厂或矿区相连,杀虫剂或其他化学物质必然会通过土壤等途径进入养殖水体,引起对河蟹的化学污染。因此,要求养蟹水面位置适宜,远离污染源。

(2) 对养殖水质的监控 工、农及居住生活的废水,都可能带有过量的重金属、农药、病毒细菌等,河蟹养殖场要远离它们,以避免水源受到污染。水源的水质应符合 NY5051 标准。日常的管理中,应每天测定养殖水体的温度、pH、溶解氧、氨氮和硫化物等。通过水质分析和污染物的组成、变化及污染物指标的监测,发现问题及时采取相应措施。

(3) 对苗种安全的控制 育苗场在育苗过程中,对饵料、药物、水质处理都要有严格的控制,尤其是在育苗过程中要禁用抗生素、孔雀石绿等药物,避免高温育苗、有亲缘关系的亲本繁殖。在苗种的放养上,要求选择规格一致、无病害、无伤残的优良苗种。

(4) 对饲料管理上的控制 执行 NY/T471 标准。饲料是否符合绿色食品标准直接影响到养殖河蟹的安全性,如饲料中有转基因原料将会一票否决。把好饲料采购、投喂关,密切关注饲料生产企业的原料来源、配方、加工操作。贮存饲料的场所要干燥、通风、做好防鼠防虫工作,注意保质期。

(5) 对药物使用的控制 执行 NY/T755 标准。杜绝禁用的药物或添加剂,限用的药物不能超标,严格执行休药期制度。养殖中可选择高效、长效、速效、低毒和低残留的渔药,多选用中草药、微生物制剂和水质改良剂等生态药物。对用药的原因、种类、休药期和用药人等都应有完整的记录。

(6) 建立养殖生产日志制度 每个塘口都要有"绿色食品河蟹养殖档案",对塘口清整、苗种放养、水质状况、饲料及渔药使用、捕捞和销售等都要求作详细记载,并明确专人定期检查,建档保存。

二、河蟹生物学特性

10. 河蟹有哪些种类？

河蟹属节肢动物门、甲壳纲、十足目、爬行亚目、短尾族、方蟹科、弓腿亚科、绒螯蟹属。绒螯蟹属在我国有 4 种，即中华绒螯蟹、日本绒螯蟹、狭额绒螯蟹和直额绒螯蟹（图 2-1）。狭额绒螯蟹和直额绒螯蟹不但个体小，产量也小，无经济价值；中华绒螯蟹、日本绒螯蟹即我们通常称其为河蟹、毛蟹、螃蟹、清水蟹和大闸蟹等，其个体大，肉质好，产量高。它们的主要区别是：

（1）**中华绒螯蟹** 头胸甲明显隆起，额缘有 4 个尖齿，齿间缺刻深，居中 1 个最深，额角后方具有 6 个疣状突起，前侧缘具 4 齿，第 4 侧齿小而明显，最末端一对步足的趾节呈尖爪状。

（2）**日本绒螯蟹** 头胸甲不明显隆起，额缘有 4 个尖齿，但中间两齿圆钝，外侧两齿较尖，齿间缺刻浅薄，居中 1 个最浅，额角后方具 4 个疣状突起，前侧缘具 3 齿，第 4 侧齿退化，最末端 1 对步足的趾节宽而扁。

中华绒螯蟹在我国渤海、黄海与东海沿岸诸省均有分布，它有两个种群，其中，北方种群以辽河（黄河）水系蟹为代表，南方种群以长江（瓯江）水系为代表。日本绒螯蟹主要分布在广东、广西、福建、我国台湾沿海、日本沿岸、俄罗斯远东地区，它也分两个种群，其中，北方种群以绥芬河水系为代表（当地称"俄罗斯大蟹"），南方种群以南流江水系为代表（俗称"合浦蟹"）。

研究表明：辽蟹移殖到长江水系后，不适应长江中下游的生长环境，商品蟹提早 1 个月性成熟（8 月下旬），其蜕壳次数少，个体小，品质差。更为严重的是，辽河水系中华绒螯蟹与日本绒螯蟹的混杂，

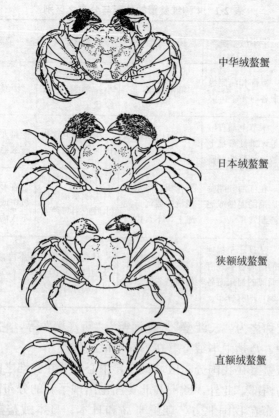

中华绒螯蟹

日本绒螯蟹

狭额绒螯蟹

直额绒螯蟹

图 2-1 4 种绒螯蟹的形态学比较

遗憾的是，我国近十多年来的"大养蟹"，将不同水系或不同种群的蟹苗蟹种移殖到异地养殖，导致各水系绒螯蟹种质资源的混杂，其无形资产的损失不可估量。因此，生产上必须严禁不同水系的河蟹移殖到其他水系养殖。

11. 河蟹及其分布情况如何？

河蟹在动物学上称为中华绒螯蟹，隶属绒螯蟹属。公认的该属有中华绒螯蟹、日本绒螯蟹、直额绒螯蟹和狭额绒螯蟹，其中，直额绒螯蟹被认为是日本绒螯蟹的同种异名，它们的外形区别见表 2-1。

表 2-1　4 种绒螯蟹的外形与分布之区别

性状＼种名	中华绒螯蟹	狭额绒螯蟹	日本绒螯蟹	直额绒螯蟹
额部	额部和前侧缘上各有 4 个齿突	额部较窄	前侧缘锯齿较小，额缘呈波纹状	额缘近于平直
螯足	掌节上都有绒毛，雄性螯上绒毛较雌性稠密	掌节内面有绒毛，外面光滑	步足前节较我国河蟹为宽	螯足掌节仅外面有绒毛
栖息	在江河和湖荡周围的泥岸或泥滩洞穴里	在积有海水的泥坑中或河口泥滩上，不入内河	在河流中或河口半咸水地区的水底或河口芦苇丛中	在积有海水的泥坑中或河口泥滩上，不入内河
分布	从辽宁至福建的沿海各省凡有通海的河川游各地，均有分布	从辽宁至广东沿海各省	日本北海道至日本海南部沿海地区及朝鲜。我国台湾、福建、广东的雷州半岛东岸均有发现	

养殖上称之为"长江蟹""辽河蟹""瓯江蟹"等，它们既非种，也并非亚种，乃是中华绒螯蟹在不同地区的种群。

中华绒螯蟹在我国分布区域最广，中心位置在江淮之间，也分布到朝鲜半岛西部，此外，欧洲和北美洲也出现了新的分布区。狭额绒螯蟹主要分布在我国北方、朝鲜半岛和日本；日本绒螯蟹分布于日本、俄罗斯海参崴、朝鲜半岛，在我国主要分布在福建、台湾、广东。

12.　怎样区分不同水域的河蟹？

长江、辽河、瓯江、闽江这几个水域产的蟹，以长江蟹质量最好。多年的增养殖实践表明，平均回捕率可达 50％，而且一般没有铁壳蟹、老头蟹。其次是人繁蟹和从长江口附近海域捕捞的大眼幼体，在人工暂养培育过程中，由于受到盐度差和水域环境的影响，同时还受到温度、放养密度、饲养管理、水质条件及饵料生物的种种限制，使相当一部分幼蟹在培育中性腺早熟，长不大，这是必然现象，成活回捕率为3％～4％，不如从长江直接捕捞的幼蟹质量好，活力强，鲜活度高，每千克200只的幼蟹回捕率为20％～25％。再次是辽河蟹，回捕率为10％～15％。最差的是瓯江蟹，不适宜在江苏，安徽等地养殖，回捕率只有0.3％～3％，闽江蟹据反映质量很差，均不宜引用。具体从以下几个方面加以区分：

(1) 从体色上鉴别 长江幼蟹体色好看，背甲青灰色，有光泽，体质好，新鲜活跃，活力强，渔民称为"绿蟹"，蒸熟后较红。而辽河蟹、瓯江蟹等，体色较差，多数经过较长时间的人工培育，受水质和底质影响，体色偏黑，背甲比长江蟹黑，多呈古铜色或铜锈色，没有光泽。渔民称为"黑蟹"，蒸熟后为淡红色。

(2) 从规格大小上分 从长江捕获的幼蟹最大特点是：个体大小不规则，同一网次捕获的幼蟹，大的80～150克以上，小的很小，大小悬殊，大的个体少，中间个体多，可是前期平均每千克只有80只左右，个别小的只有3克。在不同江段同一时间捕获的幼蟹大小规格又不一样，上江大、下江小，在同一江段同一时间捕获幼蟹的大小规格又不一样，拖网前期大、后期小，这也是辨别长江蟹的一个重要方面。而人工培育的幼蟹，从1千克16万只的大眼幼体，养成铜钱大小的规格幼蟹，在分级暂养培育中，个体大小基本上一致，不会产生大小个体过于悬殊的差异。凡是规格整齐划一的，基本都是人工培育的幼蟹。

(3) 从体质优劣上分 凡人工暂养培育的幼蟹时间长达2个月以上者，由于受管理、技术、水质等人为因素的影响及池塘理化因子的限制，或多或少总有部分幼蟹的附肢（步足）上出现花斑或者块斑。这种幼蟹虽然活力较差，但是在低温下由于代谢功能弱，一般不会马上死亡，待水温逐渐升高时，便开始死亡。一般5月是死亡的高峰期，凡是有明显花斑或块斑的幼蟹迟早都要死亡，没有效益。另外，长江蟹在同等规格上分泌的黏液比辽河蟹、瓯江蟹明显多，代谢功能强，生长速度快。人工暂养培育的幼蟹体质较差，没有从长江直接捕捞的质量好。

(4) 从外部形态上分 辽河蟹、瓯江蟹等，复眼两边的第1对侧齿比较短，与复眼平。而长江蟹第1对侧齿略长，超出复眼。长江蟹的步足末节爪尖也比同等个体其他蟹种略长。稍不注意，难以分辨。

凡暂养培育时间较长、幼蟹规格较大，很多幼蟹步足爪尖较秃，不尖。特别是水泥池培育的更明显，这足以说明不是从长江捕捞的蟹种。

(5) 从性腺发育上分 长江幼蟹雌性个体重 70 克左右，一般腹脐呈弧型尖状，不圆，足以说明它仍在生长发育中，是性腺未成熟的表现。雌性个体在 15 克左右，除个别整足上长有绒毛外，一般螯足上都没有生长绒毛，步足上更没有生长刚毛；而辽河蟹、瓯江蟹等，副性征出现早，并且较明显，个体重在 15 克左右，雌性螯足上大都长有较多绒毛，步足上也开始长有少量刚毛，雌性个体重 20 克左右，不少腹脐已呈圆形，性腺已基本成熟，特别是 2 龄幼蟹为多，当掀开这类蟹的背甲，发现蟹黄已很饱满，有的呈块状紫色或酱红色，说明性腺已发育到IV期，标志它的寿命即将结束，时间稍长，就要自然死亡，人们通常所说的老头蟹、铁壳蟹，长不大的就是指它。

我国主要水系所产河蟹的外形比较见表 2-2。

表 2-2　我国主要水系所产河蟹的外形比较

形态\水系	长江水系	瓯江水系	闽江水系	黄河水系	海河水系	辽河水系
体型（头胸甲）	不规则椭圆形	近似圆方形	近似圆方形，稍扁平	近似圆方形	近方圆形，较厚	方圆形，体厚
背甲颜色	淡绿、黄绿	灰黄、深黑	酱黄	青黄	青黑、黄黑	青黑、黄黑
腹部颜色	银白色	灰黄、有水锈	淡锈黄	青白色	白色	黄白、有锈色
胸足颜色及刚毛特征	腹白色，刚毛稀短，色淡黄	均为黑色、刚毛短、细、少、黄	腹部淡黄色，刚毛短、稀少、淡黄	腹部青白，刚毛较粗	腹部黄白，刚毛粗、长密、红黄	腹部淡黄色，刚毛粗、长密、红黄
第4步足指节	长、细、窄	短、宽、扁	短、扁	短扁平	短、扁	短、扁
额齿和侧齿特征	较大而尖锐	较小而钝	较小	较大	较大	较大

13. 河蟹生活史中各生长阶段有哪些名称?

河蟹各生长阶段和名称目前沿用的各种称呼，按养殖生物阶段大致分为:

(1) 大眼幼体 幼体发育的最后阶段，大眼幼体在生产上称为蟹苗。河口地区捕捞的蟹苗，习惯称为"天然苗"；人工繁殖的蟹苗，称之为"人工苗"。

(2) 仔蟹 大眼幼体一经蜕皮即为仔蟹，经人工培育 20～25 天，蜕壳几次后大多数形成Ⅰ～Ⅲ期仔蟹。此时，头胸甲的大小形似豆粒一般，生产上称为"豆蟹"。

(3) 幼蟹 Ⅲ期仔蟹之后，在性腺尚未成熟之前，这个阶段为时较长，生产上根据其头胸甲大小称为"扣蟹"。"扣蟹"有大有小，但在生产上均称为蟹种。扣蟹继续生长，随体形增大、壳色偏黄，生产上称为"黄蟹"。当年生长的幼蟹称为"1龄蟹"，翌年者称之为"2龄蟹"。

(4) 成蟹 "黄蟹"最后一次脱壳后，身体增重，性腺成熟，大而老健，称为成蟹，生产习惯又称"绿蟹"。

14. 河蟹有哪些主要生活习性?

了解和掌握河蟹的生活习性，是健康养蟹的基础。

(1) 栖居方式 河蟹喜欢在水质清晰、水草丰盛的淡水湖泊、江河中栖息。其栖息的方式有隐居和穴居两种。在有潮水涨落的河川或各类水域的岸滩地带，河蟹往往营穴居生活(图2-2)。在饵料丰富、水位稳定、水质良好、水面开阔的湖泊、草荡中，河蟹一般不挖穴，隐伏在水草和底泥中过隐居生活。通常隐居的河蟹新陈代谢较强，生长较快，体色淡，腹部和步足水锈少，素有"青背、白脐、金爪、黄毛"清水蟹之称。而穴居的河蟹新陈代谢较弱，生长较慢，体色较深，腹部和步足水锈多，素有"乌小蟹"之称。

(2) 食性 河蟹为杂食性甲壳类，动物性食物有鱼、虾、螺、

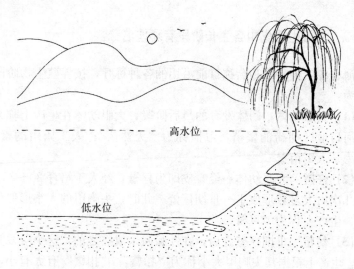

图 2-2　河蟹的洞穴

蚌、蚯蚓及水生昆虫等；植物性食物有金鱼藻、菹草、伊乐藻、轮叶黑藻、眼子菜、苦草、浮萍、丝状藻类、水葫芦（凤眼莲）、水花生（喜旱莲子草）、南瓜等；精饲料有豆饼、菜饼、玉米、小麦、稻谷等，但在一般情况下，水草等食物较易获得，故在自然环境中，其胃内食物组成常以植物性食物为主。河蟹不仅食量大，贪食，而且消化吸收能力强，河蟹耐饥饿能力强，长达 1 个月不吃食也不致饿死。水温在 5℃ 以下时，河蟹的代谢水平很低，摄食强度减弱或不摄食，在穴中蛰伏越冬。

（3）争食和格斗　河蟹不仅贪食，而且还有抢食和格斗的天性。特别是人工养殖条件下，养殖密度大，易发生争食和格斗。为避免和减少格斗，在人工养殖时可采取饵料多点、均匀投饵，动物性和植物性饵料要合理搭配，刚蜕壳的"软壳蟹"要加以保护（如采取增加作为隐蔽物的水草数量、投饵区应与脱壳区分开等措施），以防止同类互相残杀。

（4）自切和再生　捕捉河蟹时，若只抓住 1～2 只步足，它能很快将其足脱落而逃生，并在原处再生新足，新足明显小于原来的步足，这就是自切和再生的结果，这是河蟹为适应自然环境而长期形成的一种保护性本能，河蟹在整个生命过程中均有自切现象，但再生现象只有在幼蟹进行生长蜕壳阶段存在，成熟蜕壳后，河蟹的再生功能消失。

(5) 感觉和运动 河蟹有敏锐的视觉、嗅觉和触觉。特别是嗅觉，该器官为埋在第 1 触角的第 1 节中的平衡囊，属化学感受器，对外界气味的变化十分敏感。河蟹的攀高能力很强，特别是在蟹苗和仔蟹阶段，由于其身体轻，依靠附肢刚毛上的吸附水，能在潮湿的玻璃上作垂直爬行。因此，河蟹在小水体养殖时，不仅需要添置良好的防逃设备，而且更重要的是要保持优良的养殖环境和提供优质饵料，只要养殖环境的生态条件好，河蟹就不会逃逸。

(6) 对温度的适应 河蟹对温度的适应范围较大，1℃ 以上、35℃ 以下都能生存，但它们对高温的适应能力较差，在 30℃ 以上的水域中，河蟹为躲避高温，其穴居的比例大大提高，特别是蟹种，如长期在 30℃ 以上水域中生活，就容易产生性早熟，因此，池塘小水体养蟹，在夏季必须采取降温措施（如种植水草、提高水位等）。

(7) 对光线的适应 河蟹喜欢弱光，畏强光。在水中昼伏夜出，在夜间河蟹依靠嗅觉，靠 1 对复眼在微弱的光线下寻找食物。渔民在捕捞河蟹时，就利用河蟹喜欢趋弱光的原理，在夜间采用灯光诱捕，捕获量大大提高。

15. 为什么河蟹生长必须蜕壳？

河蟹的生长过程，总是伴随着幼体的蜕皮或幼蟹的蜕壳而进行的。这是因为河蟹是节肢动物，具外骨骼，外骨骼的容积是固定的，当河蟹在旧的骨骼内生长到一定阶段，积贮的肌体已发展到旧外壳不能再容纳时，河蟹必须蜕去这个旧"外衣"，才能继续生长。将要蜕壳的河蟹，背甲呈黑褐色，停止摄食，选择安静隐蔽的浅水处进行蜕壳，蜕壳开始时，头胸甲与腹部之间的侧板线产生裂缝，蟹背隆起，裂缝加大，束缚在旧壳里的头胸部先蜕壳而出，然后腹部向后退缩，使两侧肢体不断向中间收缩摆动，最后蜕出旧壳。

河蟹蜕壳必须在蜕壳素的作用下，才能完成蜕壳过程。蜕壳素是一种类固醇激素，又称蜕皮激素，可以说，没有蜕壳素的参与，河蟹就不能完成蜕壳的全过程，也就不能正常生长，在池塘中养成蟹，由于饵料种类少，营养不全面，往往造成河蟹蜕壳次数减少或不蜕壳，其后果是个体小，体色深，甲壳硬，品质差，效益低，因此，在投喂人工饵料时，必须添加蜕壳素，河蟹摄食添加了蜕壳素的配合饲料，与对照组相比不仅产量有明显提高，而且还可以做到同步蜕壳。此外从每次蟹壳体长的测定值分析，添加蜕壳素的试验池，每次蟹壳近似体长数量占测定总数的 70％～83％；而不添加蜕壳素的对照池，每次蟹壳近似体长数量仅占测定总数的 41％～63％。由此表明，饲料中添加蜕壳素后，蜕壳的同步率明显上升，这样蜕壳时自相残杀的概率就下降，成活率比对照池增加了 22.9％。

16. 河蟹的一生需要蜕多少次壳？

河蟹一生从卵中的Ⅰ期溞状幼体到最后一次蜕壳，大约需蜕壳（皮）18 次，通常将溞状幼体逐步变态到大眼幼体，大眼幼体再变态为Ⅰ期仔蟹，这一阶段称为蜕皮；Ⅰ期仔蟹开始，则称为蜕壳。河蟹蜕壳（皮）与生长的模式见表 2-3。

表 2-3　河蟹蜕壳（皮）与生长模式（湖泊型）

蜕壳（皮）	名　称	标准体重	生长阶段
卵孵出	Ⅰ期溞状幼体（Z_1）	0.13 毫克	
第 1 次蜕皮	Ⅱ期溞状幼体（Z_2）	0.27 毫克	
第 2 次蜕皮	Ⅲ期溞状幼体（Z_3）	0.5 毫克	
第 3 次蜕皮	Ⅳ期溞状幼体（Z_4）	1.0 毫克	蟹苗阶段
第 4 次蜕皮	Ⅴ期溞状幼体（Z_5）	1.8 毫克	
第 5 次蜕皮	大眼幼体（M）	5.0 毫克	
第 6 次蜕壳	Ⅰ期仔蟹	10.0 毫克	
第 7 次蜕壳	Ⅱ期仔蟹	20.0 毫克	仔蟹阶段（发塘）
第 8 次蜕壳	Ⅲ期仔蟹	50.0 毫克	

（续）

蜕壳（皮）		名称	标准体重	生长阶段
第9次蜕壳	幼蟹		0.15克	
第10次蜕壳	幼蟹		0.30克	
第11次蜕壳	幼蟹		1.0克	幼蟹阶段
第12次蜕壳	幼蟹		3.0克	（1龄蟹种培育）
第13次蜕壳	幼蟹		10.0克	
第14次蜕壳	幼蟹		25.0克	
第15次蜕壳	黄蟹		50.0克	
第16次蜕壳	黄蟹		100.0克	蟹种阶段
第17次蜕壳	黄蟹		150.0克	（成蟹饲养）
第18次蜕壳	绿蟹		250.0克	

河蟹的生长规格受环境条件影响很大，特别是受饵料、密度、水温和盐度等条件的影响，因此在自然环境中，同一年龄的个体大小差异很大，一般生长快的河蟹当年可长到50～70克，达到性成熟，而生长慢的河蟹仅1克左右。

17. 天然水域中河蟹主要摄食哪些食物？

河蟹属于以动物性饵料为主的杂食性动物，天然饵料主要有浮游生物、水生植物、陆生植物和底栖生物等。

浮游生物饵料包括浮游植物和浮游动物两类。浮游植物包括硅藻、金藻、甲藻、黄藻、裸藻、蓝藻、绿藻等，是早期幼蟹的饵料；浮游动物包括原生动物、轮虫、枝角类、桡足类等，是河蟹的好饵料。

水生植物种类很多，如苦草、轮叶黑藻、马来眼子菜、浮萍、芜萍（瓢莎）、水花生、水浮莲等，是河蟹的主体饵料。

底栖动物，如螺、蚬、河蚌等，是河蟹上乘的饵料。

陆生植物，如南瓜、各种蔬菜、西瓜皮、黑麦草、聚合草等。

18. 河蟹的寿命有多长?

河蟹的寿命与其性别、性腺成熟的迟早及生态环境密切有关。以河蟹群体来说,其寿命为 2 龄。从河蟹大眼幼体开始计算,雄蟹寿命为 22 个月,其中 16~18 个月在淡水水域中生活,4~6 个月在河口浅海水中度过的,比较集中死亡的时间在 4~5 月;雌蟹由于抱卵孵育后代,计算其寿命为 24 个月(2 足龄),集中死亡时间为 6~7 月。因此可以说,河蟹在进行生殖洄游、完成繁衍后代之后就趋于死亡。

河蟹的寿命与性成熟年龄的关系如此密切,这就出现以下两种情况:

(1)在密集放养的环境中,河蟹生长极其缓慢。在这种情况下,虽然已是 2 足龄的河蟹,达到正常生殖年龄,但它们的性腺尚未成熟,迟迟未能蜕壳变为"绿蟹",仍留居江河湖泊,不能下海繁衍后代,这类河蟹的寿命就可达 3~4 龄。

(2)在养殖的河蟹中,由于积温高、饵料中动物蛋白质含量高、水中有一定含盐量等因素的影响,就会出现早熟个体,性腺早熟的河蟹不久也趋死亡,其寿命尚不足 1 年。

三、蟹苗生产、选购及运输

19. 什么是大眼幼体（蟹苗）？大眼幼体的习性如何？

    第 V 期溞状幼体经 3～5 天生长后，蜕皮即变态为大眼幼体，俗称蟹苗。其体型扁平，胸足 5 对，腹部狭长，头胸甲上的刺均消失，额缘内凹，眼柄伸出，末端着生腹眼，故称大眼幼体。

    大眼幼体呈龙虾型。既可游泳，又可爬行，它有较强的游泳能力，游泳速度较快，在河口每天可上溯约 30 千米左右。大眼幼体具较强的趋光性、溯水性和趋淡性。对淡水水流较敏感，往往溯水而上，在河口形成蟹苗汛期，大眼幼体可用鳃呼吸，离水后保持湿润可存活 2～3 天，这一特点为蟹苗干法运输提供了方便。大眼幼体适合于河口咸淡水（盐度为 5～7）中生活，它已具备较强的渗透压调节能力，因此经暂养调节，能适应淡水生活。大眼幼体具大螯和口器，杂食性，可主动捕食大型浮游动物。

20. 什么是仔蟹？仔蟹的习性如何？

    大眼幼体蜕皮后变成蟹形的小蟹，其雌雄外观已可辨别，此时的小蟹称为仔蟹。

    仔蟹依靠步足爬行和游泳。尽管仔蟹外形与河蟹相似，但此时其头胸甲长度大于宽度，过隐居生活，而且仍在咸淡水（盐度为 3～5）中生活。以后每隔 5～7 天蜕 1 次壳，经 2 次蜕壳后，到 III 期仔蟹时（一般每千克 1.6 万～2.4 万只），其头胸甲长度才小于宽度，外形与成蟹相似，并开始挖洞穴居，而且它只有在淡水（盐度在 0.5 以下）中才能正常生长。因此，把大眼幼体蜕壳 3 次，列为仔蟹阶段，包括

Ⅰ期、Ⅱ期和Ⅲ期仔蟹。这一阶段在自然情况下是由河口上溯到淡水，即由咸淡水转为淡水的过渡阶段，其生活习性也由浮游转为隐居，并开始挖洞穴居，其盐度也由咸淡水逐步过渡到淡水，其食性由食浮游动物逐步转化为以水生植物及有机碎屑为食。

21. 什么是幼蟹？幼蟹有什么特点？

幼蟹即由Ⅲ期仔蟹饲养到年底或翌年春天的蟹种，一般的出池规格每千克50～200只。

幼蟹外形与成蟹相似，其个体生长快，蜕壳次数多，新陈代谢水平高，要求水草丰富、水质清新、饵料充足的环境。幼蟹群体间个体生长差异十分显著，在自然条件下，同月龄的幼蟹，个体相差200倍，在人工饲养的情况下，容易因缺乏食物而自相残杀或因水域环境条件差，积温过高，营养过剩而造成性早熟，导致经济效益和社会效益明显下降。

在生产上这一阶段称为1龄蟹种培育，相当于夏花鱼种养成冬花或春花鱼种。

22. 什么叫"早繁苗"？生产上早繁苗有何意义和弊端？

早繁苗一般是指在1～3月以内，抱卵蟹孵幼培育出的大眼幼体。有人认为，4月20日前出池的蟹苗（长江中下游地区），培育幼蟹时尚需增加水温，此前育出的大眼幼体可认为是早繁苗。

20世纪80年代前后，成蟹市场看好，河蟹苗种供不应求，长江流域的有些单位在2～3月就进行河蟹人工育苗，培育仔蟹，目的是当年养成成蟹上市。当时对缓解河蟹苗种需求，缩短河蟹养殖周期发挥了积极的作用。

但由于2～4月进行仔蟹培育，必须在室内加温水泥池或塑料大棚土池培育，不仅投资大，而且仔蟹在密集、低温条件下，病害多，生长慢，成活率低；同时蟹苗当年养成成蟹，出塘规格一般均在100克以下，有部分甚至仅30～50克，其经济价值低。随着河蟹育苗技术的成熟，目前生产上已不采用早繁蟹苗当年养成成蟹。

23. 河蟹人工生态育苗的土池有哪些要求？

(1) 环境条件要求 天然海水土池育苗，即利用沿海滩地人工开挖的土池进行河蟹室外育苗的技术，土池育苗易受气候等自然条件的影响，但由于土池育苗过程比较接近自然，其生产的蟹苗经前期的自然淘汰，后期的成活率相对较高，深受河蟹养殖户的喜爱。

(2) 选择适宜场所 土池海水人工育苗场的选择，比工厂化育苗选择条件要更严格些，应选择近海岸无污染、水质良好的海水水源地区，附近也有水库或清洁河流等水质良好的充足淡水，海水和淡水的水体重金属离子不能超标，必须符合渔业用水标准，育苗场地势要求高，能防止海潮和内涝淹没，附近地区没有蟹苗病疫的历史，交通方便与公路或高速公路相连，便于蟹苗及饲料等物质的运输。

(3) 做好规划布局

①培育池建设：土池室外育苗池面积一般为1～5亩为好，池形呈近方形为宜，水深1.5～1.8米，池底要求硬底无淤泥，池塘应配备加水和换水设施，日换水能力为池水体的20%～30%，池一端设置进水阀，另一端系出水口，设喇叭形底孔出口，其喇叭口断面用筛绢拦好，以免出水时幼体逃逸，池坡1:（1～1.5），土质好的池可以陡一些。

②清塘消毒：培育池除干塘曝晒外，还要在幼体培育开始的半个月前，进行清整和消毒，清除塘底淤泥，杀灭敌害生物，维修进、排水管道等。消毒药物为150千克/亩生石灰或15千克/亩漂白粉，清理和消毒10～15天后可进新鲜海水，需要注水时，育苗用水一定要经过24小时沉淀，进水时用300目筛绢过滤，以免病原生物的进入，进水必须在3月底前完成。

③施肥培饵：溞状幼体最适口的饵料是单细胞藻类，为了确保育苗池水体有足够的单细胞藻类，就必须在河蟹幼体孵出前4～5天，在育苗池注入经过过滤的海水，每亩施硝酸铵1～1.5千克，同时，接种事先培养好的单细胞藻液于池中，并根据天气和水质情况，适时

适量追加速效肥。这样，当幼体孵出时，就可以吃到水体中已繁殖到相当数量的单细胞藻类。

24.　土池蟹苗繁育要掌握哪些主要技术关键？

土池蟹苗繁育在生产上应掌握以下环节：

(1) 亲蟹的选择和强化培育　河蟹土池育苗所用的亲蟹，在秋季选择体重 100 克以上，附肢齐全，蟹体健壮，活动能力强的优质 2 龄性成熟蟹，雌、雄性比为 3∶1。

亲蟹应在淡水中强化培育，保持水质清新。使用优质饵料，如鲜杂鱼、鲜贝肉等，以促进亲蟹性腺发育，为交配打好营养基础。

(2) 交配和越冬　池塘水温 8～12℃时，将亲蟹放入海水池塘中交配，交配密度以每亩 1 000～2 000 只为宜。交配期间仍旧投饵，直到水温降低，亲蟹不再摄食。

抱卵亲蟹继续在海水池塘中越冬，越冬水深保持在 1.8 米以上，结冰后不需投饵。雪后应及时清扫冰上积雪。春季将融冰时要及时换水，以防由于越冬产生的有害代谢物质积累造成水质败坏。

(3) 春季培育　春季水温渐升，亲蟹开始摄食，以投喂动物性饵料为主，投饵量为亲蟹体重的 2%～6%。注意调控水质，适量换水，并注意防逃。

(4) 育苗池塘的准备　土池育苗的池塘面积以 3～20 亩为宜，面积太小，投资成本相对较高，效益不一定好；面积太大，不易管理，且幼体因趋光等因素而聚集在一起的数量太多，易造成局部缺氧而死亡。池底以泥沙底为好，有利于沉淀水中污物，改善水质。水深在 1 米左右。若水太浅，因天气变化而温差变化大，或因下大雨，盐度变化较大，而对幼体变态不利。另外，水太浅，有时也会因大风的搅动，搅起池底污物，被有些幼体误食而导致消化不良引起死亡，也可能因搅起的底泥中致病菌等黏附在幼体身上而发病死亡。水太深，则不易繁殖饵料生物。

河蟹土池育苗的池塘在开春前准备好。新挖塘在开春前挖好，旧池应在冬天或开春时彻底清除池底的淤泥，并修整好池堤。

在育苗前用优质生石灰每亩 70～150 千克消毒。同时，清除掉池堤洞内的杂蟹，否则它们在池堤上打洞易造成池塘漏水跑苗，它们的幼体还会与河蟹幼体争食、争氧、争空间，影响育苗生产。

在亲蟹排幼前 15～20 天进水。进水要先进入大的蓄水池沉淀 3 天以上，入池前经过 80 目筛绢过滤方能流入育苗池中。有条件的应备有 2～3 倍育苗水体的蓄水池，在大潮汛时进水备用，小潮水时不进水，保证育苗用水的质量和育苗的顺利进行。

(5) 排幼和幼体培育 每日检查蟹卵的发育情况。直观蟹卵呈灰白色、镜检胚胎心跳每分钟 130～160 次时，将亲蟹装笼，消毒。

亲蟹用浓度为 100 毫克/升亚甲基蓝溶液消毒 45～60 分钟，以除去身上的聚缩虫以及致病菌等。

消毒后连蟹笼一起移入海水育苗池排幼，每亩池塘排幼用亲蟹数量为 10～20 只，最多不要超过 30 只。随时检查亲蟹排幼数量，达到数量立即移走亲蟹。

土池育苗视池塘、水质、饵料、亲蟹多少及管理情况等，布放溞状Ⅰ期幼体的密度有所不同。以每亩布放 100 万～400 万个Ⅰ期幼体为宜，一般不超过 600 万尾。幼体太多，可能造成饵料及营养供应不上，而在变态时被淘汰，或因大量幼体在一角堆集而缺氧，造成大批死亡。幼体放得太少，产量不高，经济效益不好。若放苗密度适宜，育苗管理技术得当，每亩产大眼幼体应有 0.5～2.5 千克。

(6) 幼体培育 调控好水质，保持海水盐度 10～30，pH7.8～8.6，溶解氧 4 毫克/升以上，透明度 20～40 厘米。水质不佳，可通过添换水来改善水质。

幼体培育以培育基础饵料生物为主，前期海水透明度应在 30～50 厘米，透明度增大，马上施用 5 克/米^3 尿素，0.5 克/米^3 磷酸氢二铵，施肥一定先将化肥溶化在水中，再全池泼洒，切忌直接扔入水中。

育苗期间要经常检查幼体的密度，估算幼体的数量，决定投饵量的多少。对照以前几天的数量，如发现数量明显减少，则必须查明原因，及时采取措施。检查幼体的活动情况，若幼体活动能力强，趋光性好，则幼体活力好，变态率高。检查吃食、生长、变态情况，幼体的吃食情况可通过显微镜观察胃中饱满程度，吃得饱，长得快，变态好。土池育苗水温 16～25℃，4～6 天幼体变态 1 次，一般经 23 天左右，河蟹Ⅰ期溞状幼体就可变成大眼幼体。

（7）蟹苗的捕捞和淡化 大眼幼体第 5～6 天可开始捕捞，在池边每隔一定距离安一电灯，距水面 50 厘米左右，蟹苗逐渐聚集在灯下，用抄网捞出。

最好在海、淡水使用方便处建淡化池。不宜过大，以 50～80 厘米深、面积 20 米²左右为好。每平方米可放蟹苗 0.25 千克，如有充气条件还可多放。淡化池加入淡水、海水各半。捞出的蟹苗马上放入淡化池中，投喂大卤虫或鱼肉。每天换入淡水 50％以上，2 天后即可出池。淡水条件方便的，也可以在育苗池直接加入淡水淡化。

25. 选购蟹苗应注意哪些事项？

（1）了解蟹苗场生产过程 养殖户在选购蟹苗前，首先要了解蟹苗场整个生产过程，主要包括亲蟹、饲料使用、培育周期等。用于繁殖蟹苗的亲蟹，必须来源于国家级原种场或天然湖泊大水体中，且雌雄蟹应来自不同的水域，避免近亲交配。亲蟹规格：雌蟹应不小于125 克，雄蟹不小于 150 克。使用丰年虫（卤虫）培育的蟹苗，质量较好，而用淡水蚤、蛋黄等代用饵料培育的蟹苗质量较差。日龄：6 日龄以上。体色：淡姜黄色，群体无杂色苗。盐度：4 以下。规格：14 万～16 万只/千克，群体大小一致，规格整齐。活动能力：蟹苗在蟹苗箱中能自行迅速散开。育苗阶段水温：20～24℃，育苗池水温与养殖池水温差在 2℃以内，最多不超过 4℃。

（2）消毒处理后出池 蟹苗出池前 1 天，最好用药物消毒 1 次，以杀灭一些有害生物，减少养殖期间病害的发生，同时也能淘汰部分体质较差的蟹苗。

（3）注意捕苗方法 蟹苗捕捞时，应停气、停饵，采用灯光诱捕，蟹苗杂质少，活力强。装箱前要把水分沥干，入箱时要撒放均匀，防止蟹苗相互黏附挤团而引起死亡。

（4）掌握运输时间 早期苗宜选择白天运输，晚期苗宜在夜间运输。

26. 如何鉴别优质的蟹苗？

蟹苗质量的优劣鉴别，主要是"三看一抽检"：

（1）看规格是否一致 同一批蟹苗大小规格要整齐一致，日龄不足（6日龄以上）或质量差的蟹苗，往往个体偏小，或大小不均匀，嫩老不一致。

（2）看体色是否一致 优质蟹苗体色深浅一致，没有花色苗（将苗放在白的瓷盆中观察），如有"黑色苗"和"白色苗"，则不能购买。

（3）看活动能力强弱 蟹苗沥干水后，用手抓一把苗轻轻一捏，然后放开，蟹苗迅速散开；将蟹苗腹部朝天，能迅速复位；将单只蟹苗用水滴裹住，能迅速爬出水滴；将蟹苗放入盆中，用手形成一旋流，蟹苗能逆向游泳。这样的蟹苗活力强，是优质蟹苗。

（4）抽样检查 6日龄规格一致的蟹苗为每千克14～16万只，每只蟹苗平均在7毫克以上。可通过抽样，准确称一定重量的蟹苗计数，在此范围为优质苗。

27. 怎样运输蟹苗？运输途中有哪些注意事项？

蟹苗运输是蟹种培育的重要环节，正确的运输方法是提高成活率的关键。

（1）运输方法 实践证明，蟹苗运输适用于干法运输。干法运输是用一种特制的木制蟹苗箱，长40～60厘米，宽30～40厘米，高8～12厘米，箱框四周各挖一窗孔，用以通风。箱框和底部都有网纱，防止蟹苗逃逸，5～10个箱为一叠，每箱可装蟹苗0.5～1千克。

（2）蟹苗运输要求和注意事项

①蟹苗箱必须在水中浸泡12小时，以保持运输途中潮湿的环境。

②蟹苗箱内应先放入水草。箱内用水花生茎撑住箱框两端，然后放一层满江红（绿萍）。使箱内保持一定的湿度，也防止蟹苗在一侧堆积，并保证了蟹苗层的通气。

③蟹苗运输死亡主要是由于其附肢黏附过多水分，造成蟹苗支撑力减弱而导致苗层通气性不良，其底层蟹苗往往缺氧死亡，因此，蟹苗运输应坚持宜干不宜湿的原则，长途运输时，装苗前，必须预先将称重后的蟹苗放入筛绢袋内，甩去其附肢上的黏附水，然后均匀地分散在苗箱水草上。

④一般每箱装运的密度控制在 1 千克，运输时间为 24 小时。

⑤运输途中，尽量避免阳光直晒或风直吹。以防止蟹苗鳃部水分蒸发而死亡。

⑥运输途中，如蟹苗箱过分干燥，可用喷雾器将木箱喷湿，以保持箱内环境湿润，一般苗体不必喷水，否则反而造成蟹苗附肢黏附过多水分，支撑力减弱而造成死亡。

⑦有条件可用空调车或加冰降温运输，并给予适当通风。气温控制在 20℃，最低气温不能低于 15℃，其气温骤变的安全范围不超过 5℃。

四、优质蟹种的培育技术

28. 蟹种培育池有何要求？

（1）**水源、水质与土质**　蟹种池要求水源充沛，水质为纯淡水，无污染。池塘排灌方便。土质为非盐碱地，并以壤土为最佳，稻田要求靠近水源，保水性能良好。

（2）**形状、面积与水深**　池塘为长方形，东西向排列。面积1～4亩，池深1米，水深0.4～0.8米，池塘坡度2∶1。

如采用低洼地（如稻田、茭白田），则在稻田四周离田埂1.5～2米处开挖环沟，环沟宽1米、深0.7米，其挖出泥土将周围田埂加宽，加高。一般田埂宽0.5米、高0.6米。根据田块大小，在田中开挖十字形或井字形的蟹沟，规格同前，进、出水口均安置防逃网。

（3）**双层防逃设施**　在池塘池埂滩脚浅水处，用60～80目筛绢网做成第一层防逃网，网高1.5米，网脚下方埋入土中30厘米以上，上口用20厘米硬质塑料缝合成倒檐，网身用竹篙或木桩固定，这样可以防止幼蟹上岸后不下水，形成"懒蟹"，并可防止幼蟹密集打洞对池埂造成破坏。在池埂上安装第二层防逃墙，用硬质钙塑板等材料围栏，木、竹桩支撑固定，细铁丝扎牢，做到接头处紧密，不留缝隙，四角建成弧形，要求高40～50厘米，其中，埋入土内10～20厘米，以防大风大雨时幼蟹逃逸，并可防止青蛙，水蛇等敌害生物的进入。

（4）**进排水和增氧设施**　池塘建有独立的进、排水系统，进水口设在池塘的一端，出水口在池塘的另一端。每10亩蟹种池安装1台直径为25～30厘米的电动混流水泵，大口径的水泵加水快、且经久耐用，能确保平时和高温期及时加水、换水，可一次性很快注满池水；捕捞蟹种时通过流水刺激、利用河蟹逆水性强的习性，形成较大的水流，反复多次冲水可捕获池中95％以上的蟹种，省时省力且不伤蟹种。水泵出口要套上用60～80目筛绢网制成的网袋，严防水源中鱼卵、野杂鱼和敌害生物进入。池中设置1台3千瓦的罗茨鼓风机，池中铺设微孔管，以便养殖过程中，特别在高温季节、连续阴雨天气开机增氧，保持水中较高的溶氧。

（5）放苗前的准备 上述工作一切准备就绪后，培育池进水30厘米以上，然后每亩用含氯量28％以上的漂白粉100千克兑水后全池泼洒消毒。7天左右药性消失后再排干池水，重新经过滤进水30厘米，然后用多元有机酸500毫升兑水泼洒解毒。2天后放掉原池水20厘米左右，栽植水草，浅水区栽种水花生，深水区栽种伊乐藻，呈条状型分布，水花生长成后要占全池面积的50％以上，这一点至关重要。蟹苗（大眼幼体）放养前7～10天，每亩用生物有机肥1.5千克、氨基酸培藻素1.5千克、EM益生菌1千克混合后兑适量原池水均匀泼洒进行肥水。2～3天后肉眼观察水色，要求呈黄褐色或嫩绿色，透明度在25厘米左右为最佳。否则要再次追施上述肥水产品，使水质达到肥、活、嫩、爽的要求，放苗前池水要求水溞成团，但不呈红色，为蟹苗提供优质的适口饵料。

29. 蟹池清塘药物有哪些？各种药物的利弊如何？

目前，生产上常用的清塘药物有生石灰、茶粕、漂白粉、漂白精等。

上述几种清塘药物，各有利弊，茶粕能杀灭鱼类、水生昆虫、蛙卵、螺蛳和蚂蟥等；生石灰、漂白粉、漂白精和三氯异氰尿酸除杀灭上述敌害生物外，还能杀灭水草、丝状藻类、寄生虫和致病菌等，其清除敌害的作用迅速而彻底。生石灰还能保持水中pH稳定，释放出被淤泥吸附的氮、磷、钾等营养物质，改善水质。必须强调指出，盐碱地鱼池，池水碱性大，pH较高，因此不宜选碱性强的生石灰用作清塘药物，而应当选用漂白粉类的药物。此外，茶粕对鱼类有强烈的毒杀作用，而蟹、虾等甲壳类对茶粕毒素的敏感度仅是鱼类的1/50，因此通常用茶粕清塘，其药物的毒性只针对杀灭鱼类等动物，而对虾蟹类则不起作用，一般蟹池不单一使用茶粕清塘。

30. 如何进行药物清塘？

一个生产周期结束后，都需要整修池埂，抽干池水，经日晒或冰冻一定时间后，在蟹苗种放养之前，用药物进行消毒。其方法为：

(1) 生石灰清塘 生石灰遇水就会生成强碱性的氢氧化钙使池水pH急剧上升到11～12，因此可杀灭野杂鱼类、敌害生物和各种病原体。使用生石灰清塘有两种方法：

①干法清塘：池中积水5～10厘米，在塘底挖若干个小坑，将生石灰分别放入小坑中加水融化，不待冷却即向池中泼洒。生石灰用量一般每亩为60～75千克，淤泥较少的池塘用50～60千克，清塘后第二天需用铁耙耙动塘泥，使石灰浆与淤泥充分混合。

②带水清塘：即池水不排出，将溶化好的生石灰浆全池泼洒，每亩平均水深1米用125～150千克生石灰。由于带水清塘生石灰用量多，泼洒麻烦，此法在生产较少采用。生石灰清塘的技术关键是所用的石灰必须是块灰，只有块灰才是氧化钙，才叫生石灰。而粉灰是生石灰潮解后，与空气中的二氧化碳结合形成碳酸钙，称为熟石灰，不能作为清塘药物。

(2) 茶粕清塘 茶粕是油茶的种子经榨油后所剩余渣滓压成的圆饼状或粉状，使用方法为：将茶饼敲成小块，用水浸泡，在水温25℃浸泡一昼夜即可使用。使用时再加水，均匀泼洒全池。每亩池塘水深20厘米用量为25千克，水深1米用35～45千克。上述用量可视塘内野杂鱼的种类而增减，对杀灭不能钻泥的鱼类，用量可少些，反之则多些。

(3) 漂白粉、漂白精、三氯异氰尿酸清塘 它们都遇水分解，释放出次氯酸，次氯酸立刻释放初生态氧，有强烈的杀菌和杀灭敌害生物的作用。漂白粉通常含有效氯30%；漂白精是纯次氯酸，含有效氯60%～70%；三氯异氰尿酸含有效氯85%～90%。

清塘方法为：先计算池水体积，漂白粉每立方米水体用20克，漂白精用量为漂白粉的 1/2，而三氯异氰尿酸用量则为漂白粉用量的 1/3。将它们加水溶解后，立即全池泼洒。漂白粉清塘的技术关键是务必防止其吸水潮解，漂白粉一经潮解，其有效氯含量大大下降，影响清塘效果。而漂白精性质较稳定，三氯异氰尿酸的性质最稳定，如敞开存放半年，其有效氯的损失也不到 10%。

用上述药物清塘，一般需经 7～10 天，药性消失，方可放养蟹苗。漂白粉类的药物其药性消失较快，通常清塘 5 天后即可放养蟹苗。

31. 如何在池塘中培育仔蟹？

优质蟹种是成蟹养殖的基础，蟹种培育技术要求较高，育成的蟹种规格最好控制在 160/千克左右，过大"性早熟"蟹比例高经济效益低，过小养成蟹影响上市规格。

（1）标准化培育池建设　蟹种培育池选择在靠近水源、水量充沛、进排水方便的地方，周围无任何工农业污染源，底质、水质必须符合 NY 5361 标准。蟹种池宜长方形，东西走向，面积 5～15 亩，池深 1.2～1.5 厘米。根据幼蟹的生活习性，考虑到投饵和蟹种捕捞操作便利，培育池池底宜开挖成锅底形结构，形成浅水区和深水区，池底由进水口一端向出水口一端设有 1% 左右的比降，便于在出水口将池水全部排出。

（2）蟹苗选购与放养　购苗前要到育苗场察看亲蟹，要求亲蟹来自于长江水系，雌蟹规格 125 克、雄蟹 150 克以上，并要对从抱卵亲蟹的挂篓、幼体的变态发育、饵料投喂、病害防治、水质调控等方面进行详细了解。蟹苗经充分淡化能在纯淡水中安全生存，出池前用抄网抄起一小把蟹苗抓在手中捏紧甩干水分，在手中感觉很爽，张力大，松开手后能迅速散开的即为好苗。蟹苗用蟹苗箱盛放，干法运输。蟹苗到达培育池后，应先将蟹苗箱放入水中浸泡 2 分种，再提起，如此反复用 2～3 次，以使蟹苗适应池塘的水温和水质。蟹苗入池前 1 小时要开启增氧机，并泼洒一次维生素 C，以抗蟹苗应激，入池后再泼洒一次噬菌蛭弧菌，可净化水质和预防细菌的滋生。

（3）饲料选择与精准投喂 肥水达标的培育池蟹苗下塘后可不喂或少喂饲料，肥水较差的池塘需按蟹苗重量100％～200％投喂专用开口料，每天投喂4～6次。一般2～3天后蟹苗即可蜕变成Ⅰ期幼蟹，此时投喂专用幼蟹料，随着幼蟹规格的增长，当培育至Ⅴ期时，逐步降低饲料蛋白质的含量，避免饲料蛋白质含量过高造成幼蟹"性早熟"，但同时要增加蛋白质含量低的饲料投喂量，防止饵料不足，造成幼蟹相互残杀。选用规模企业生产的品牌蟹种专用颗粒饲料，其营养配比合理均衡，可按说明书全程使用。定期在饲料拌入内服维生素C、免疫多糖、EM菌、酵母菌等生物制剂，以提高蟹种抗应激能力和成活率。10月后，投喂蛋白质含量为39％以上的育肥饲料或冰鲜小杂鱼，供其壮膘越冬。

（4）加强日常饲养管理

①水位、水质调控：7～9月高温季节，培育池水位尽量保持在1厘米以上，为防池塘水温过高，可经常注入新水，5～7天换水1次，但换水量不宜过大，一般每次换掉原池老水20％左右。

②增氧机械使用：蟹种生长最适水温为28℃左右。高温季节，白天尽量不要开机，因池塘表层水温高达35～36℃，一旦开机，会使上下水体形成对流，表层的热水会进入池塘底部，对幼蟹产生应激和不适。

③生物制剂使用：在养殖过程中，每10～15天使用1次底质改良剂或水质改良剂，如分解型底改、芽孢杆菌、噬菌蛭弧菌等生物制品，特别在高温期间要缩短使用周期和加大使用量。整个养殖过程采取防重于治的病防措施，尽量不用或少用化学药品，多使用生物制剂改善底质和水质，避免对水体或土壤造成污染。

④杀灭蟹体纤毛虫：到10月，幼蟹完成最后1次蜕壳后，当水温开始下降时，一定要用1次药物杀灭蟹体纤毛虫，隔日使用1次消毒剂。

32. 蟹苗下池前如何肥水？

初下塘的蟹苗最容易因缺乏鲜活、优质的适口饵料而死亡，采用人工饵料往往因投饵不均匀，易散失污染水质，配制全价饵料，其适口性差，吃食不均匀，容易造成蟹苗生长发育快慢不一，变态不同步，这就容易产生自相残杀，严重影响成活率。而水溞乃小型浮游甲壳类，在池塘内分布均匀，不污染水质，营养价值高，属全价饵料，其游动速度慢，蟹苗容易捕食，是蟹苗的最佳适口饵料。为此，必须确保蟹苗下塘时池水中的水溞达到高峰期，此乃提高蟹苗成活率的关键措施。其方法为：在蟹苗下塘前 7～10（水温 25℃左右）对一级池施用牛粪或猪粪，每亩 150～300 千克，或在蟹苗下塘前 10～15 天，用绿肥沤在一级池的四角，浸没水中，以后经常翻动，促其腐烂，每亩用绿肥 200～400 千克，在蟹苗下塘前施用有机肥料，目的是人为地控制水溞高峰期，以提供蟹苗量多质好的最佳适口饵料。

33. 1龄幼蟹高效生态培育应掌握哪些关键技术？

河蟹 1 龄幼蟹高效生态培育，是指利用河蟹大眼幼体在良好的生态环境条件下育成规格适宜的蟹种，并取得优质高产高效的过程。

（1）培育条件

①环境条件：要求交通便捷，水源充沛，水质良好，周边生态环境适宜，没有污染源，水利设施良好，不会发生易旱易涝，水、电、路等基础设施基本配套的地方。

②养殖池条件：培育池要求土壤保水力强，以壤土和沙壤土为好，面积 5～15 亩，池埂截面底宽 2.6～3 米，面宽 0.8～1 米，高 0.8～1.1 米，塘口呈长方形，东西走向。

（2）苗种放养

①放养前的准备工作：一是清塘和水草种植、移栽；二是培肥池水。

②蟹苗放养：一次性放养大眼幼体的放养密度掌握在每亩 1500 克，实际放养量根据放养时间、苗的质量、水质、天气等情况来确定。一般 4 月下旬或 5 月上旬放苗密度可适当高一点，5 月下旬或 6 月初放苗密度要低一些。苗的质量好，可减少放养密度；苗的质量稍差，要增加放养密度。水质、天气好有利于幼体培育，可适当降低放

养密度；反之，要增加放养密度。控制大眼幼体合理放养密度的基本准则是，做到经过培育Ⅴ期幼蟹在塘数量为6万～8万只。

③大眼幼体质量要求：优质大眼幼体生产必须对繁殖的亲本蟹及其培育、交配、抱卵、孵化、幼体培育和淡化等过程有严格的要求，要求亲本蟹为长江水系中华绒螯蟹，最好是长江水系中华绒螯蟹原种场提供的亲本蟹，雌蟹规格125克以上，雄蟹规格150克以上。亲本蟹要求体质健壮，无病无伤，并尽量避免近亲交配，对每批大眼幼体的质量确认，要从抱卵亲蟹的挂篓、幼体的变态发育、饵料投喂、病虫害的防治、水质调控等方面进行详细了解，实施全程跟踪，综合评价。

④大眼幼体运输：采用苗箱干法运输，运输主要在晚上或夜间，阴雨天白天也可以运输，运输过程中要进行保湿和保证空气流通，高温运输装运密度要降低，尽量保持育苗池水温和培育池水温一致，大眼幼体到达目的地后，用养殖池水淋浴2～3次后才可放入池中。

(3) 饲养管理

①饲料种类：河蟹大眼幼体至1龄幼蟹培育过程中的饲料，有天然饵料与人工饲料两大类。天然饵料有浮游动物、水蚯蚓、蠕虫、底栖生物、浮萍和水草等；人工饲料主要有煮熟的鱼糜、蛋黄、豆浆、豆饼、豆粕、麦麸、小杂鱼、颗粒饲料和南瓜等。

②饲料分配：育成规格蟹种1千克，约需动物性饲料（小杂鱼等）1～2千克，精饲料（豆粕、颗粒料等）2～4千克，粗饲料（南瓜）1～2千克，青饲料（水草等）1～5千克。

③投喂方式：Ⅴ期幼蟹前，主要投喂颗粒料、豆饼、麦麸及少量煮熟的小杂鱼，并辅以浮萍等青饲料，精饲料和小杂鱼的日投饵量占池中幼蟹体重的10%～15%，每天投喂2次，上午占20%～30%，傍晚占70%～80%。

Ⅴ期幼蟹至蟹种阶段，以豆粕、颗粒饲料为主，辅以适量麦麸、小杂鱼，增加浮萍、南瓜、水草等青粗饲料投喂量，精饲料与动物性饲料的日投饵量占池中幼蟹体重的8%左右，高温季节幼蟹摄食量减弱，要适当减少投饵量，投喂方式仍是多点投喂，重点在池塘四周，每天投喂数量应根据在塘幼蟹的总重量，结合天气水温、水质及摄食等情况综合确定。

④水质管理：一般每隔1～2天加水10厘米，每次大变态前换水1次，换水量占池水总量的30％左右。7～8月是水质调节的重点，通过加水、换水、泼洒生石灰和使用微生制剂等，调优水质。高温季节和越冬期间，要保持池塘浅水区水位达80厘米以上，蟹种培育后期每10天左右换水1次，换水量占池水总量的30％～50％，一般隔15～30天泼洒1次生石灰水，每亩用生石灰5千克化水全池泼洒，但要避开幼蟹蜕壳高峰期。

⑤日常管理：要坚持每天早晚巡塘，观察幼蟹的摄食和活动变化情况，检查池埂是否渗漏，拦隔设施是否严密，杜绝幼蟹逃逸，严防野杂鱼苗进入培育池，对进入培育池中的青蛙、黄鳝、老鼠等要及时清除，要及时捞除池中飘浮的脏物，清除池埂杂草，保持塘口整洁，做好塘口档案。

(4) 病害防治　1龄幼蟹培育过程中，病害防治要突出一个"防"字。首先是投放的大眼幼体要健康，不能带病，没有寄生虫。Ⅰ期幼蟹上岸往往是大眼幼体带有纤毛虫等引起。二是饵料投喂要优质合理，霉烂变质饲料不能用，饵料要新鲜适口，颗粒饲料蛋白质含量要高，以保证幼蟹吃好，吃饱，体质健壮。三是水质调控要科学，要营造良好的生态环境。7月水质变肥，可用微生态制剂来改善。微生态制剂主要有光合细菌、枯草芽孢杆菌和EM菌等，一般可在Ⅴ期幼蟹以后的培育过程中使用微生态制剂3～5次，可有效降低池底的氨氮与亚硝酸盐含量，但不得与杀菌药物及生石灰同时使用。1龄幼蟹培育一般不用化学药物，但蟹种出现纤毛虫病，可使用硫酸锌等进行杀灭。

34. 怎样利用稻田培育优质蟹种?

利用稻田培育蟹种，能达到稻蟹共生、相互促进的目的，是生态高效种、养结合的较佳模式。

(1) 稻田准备

①稻田选择：育蟹种稻田须环境安静，交通便利，能灌能排，保

水保肥能力强，土质以黏土或壤土为好。特别要求水源充足，水质良好，不受任何污染。稻田宜呈长方形东西向，利于增加光照时间，方便管理。育蟹种稻田最好集中连片，具有一定的规模，田块面积不限，2～10亩均可。

②环沟开挖：育蟹种田块需离田埂2～3米的内侧四周开挖环沟，沟宽1.5～2米，深0.5米～0.8米；较大田块需挖田间沟，以稻田丰产沟为基础适当加宽加深，呈"十"或"井"字形，开挖的面积占稻田总面积的5％～10％，所挖出的土用于加高加固田埂，田埂要求高0.8～1米，顶宽1米以上，施工时要压实夯牢。

③水系配套：育蟹种稻田的用水应与其他农田分开，单独建进水渠道，可选用40厘米左右直径的水泥涵管砌成，也可用砖、石等材料建进水渠道。排水则可利用原稻田的排水渠道。进、排水口都要用较密的铁丝网或塑料网封好，以防蟹种逃逸和敌害随水进入。

④防逃设施：防逃是稻田育蟹种成败的关键，最好采用双层防逃。外层防逃墙沿稻田田埂中间四周埋设，要求高50～60厘米，埋入土内10～20厘米，用水泥板、石棉瓦等材料，木、竹桩支撑固定，细铁丝扎牢，两块板接头处要紧密，不能留缝隙，四角建成弧形。内层防逃墙建在田埂内侧，用网片加倒檐或钙塑板围建，高40厘米左右。

（2）蟹苗放养

①放前准备：放养时间一般在5月中旬。放养前20天，清除环沟和田间沟中的淤泥，然后稻田加水10厘米，每亩用生石灰150千克，对水溶化后趁热泼洒，以杀灭有害生物。待药性消失后，准备一些水花生作为附着物。

②蟹苗选购：选用长江水系亲蟹在土池生态环境繁育的蟹苗，每千克蟹苗数在16万只左右，经5天以上时间的淡化处理，出池时盐度在3以下，要求蟹苗体质健壮，规格整齐，色泽纯正，游泳爬行活跃。

③蟹苗运输：用蟹苗箱装苗，空调车运输。每只箱装苗0.5～1千克。每5只蟹苗箱为一组，顶部加一木盖，装苗时，每组蟹箱各层之间要严密牢固，不要留空隙或不平现象，以防蟹苗从缝隙中爬出逃

逸。运输中要防止风吹、日晒、雨淋和颠簸。

④蟹苗下田：蟹苗先围在环沟中培育 1 个月左右，放养量一般每亩稻田 1.5～2 千克，蟹苗运到田边后，先将蟹苗箱放入环沟水中1～2 分钟，再提起，如此反复 2～3 次，以使蟹苗适应环沟的水温和水质。

(3) 饲养管理

①仔蟹培育：蟹苗放入后，即可均匀地布入水花生附着物，同时开始投喂饲料，大眼幼体阶段投喂鸡蛋黄，每 2～3 小时投喂 1 次，进入 1 期幼蟹后改投鱼糜加豆饼和麸皮，也可投喂河蟹专用开口饵料，投饵率从 100% 降至 5%～7%，日投喂 4～6 次。

②大田放养：一般在水稻秧苗栽插活棵后进行，此时可测定环沟中仔蟹的规格和数量，如果数量正好适宜大田养殖，即可拨去培育池的围拦，让幼蟹自行爬入大田；如果数量不足或多余，要进行调剂。

③饲料投喂：仔蟹进入大田后，除利用稻田中天然饵料外，可适当投喂水草、小麦、玉米、豆饼和螺、蚬、蚌肉等饵料，采取定点投喂与适当撒洒相结合，保证所有的蟹都能吃到饲料。饲养期间根据幼蟹生长情况，采取促、控措施，防止幼蟹个体过大或过小，控制在收获时每千克在 160～240 只之间。

④水质调控：育蟹种稻田由于水位较浅，特别是炎热的夏季，要保持稻田水质清新，溶氧充足。水位过浅时，要及时加水；水质过浓时，则应及时更换新水。换水时进水速度不要过快过急，可采取边排边灌的方法，以保持水位相对稳定。

⑤日常管理：要坚持早晚各巡田 1 次，检查水质状况、蟹种摄食情况、水草附着物和天然饵料的数量和防逃设施的完好程度，大风大雨天气要随时检查，严防蟹种逃逸。尤其要防范老鼠、青蛙、鸟类等敌害侵袭。生长期间每 15～20 天泼洒 1 次生石灰水，每亩用生石灰 5 千克。

(4) 水稻栽管　选用耐肥力强、茎杆坚硬、不宜倒伏、病虫害少、产量高的水稻品种。秧苗先在秧畦中育成大苗后再移栽到大田中，移栽前的 2～3 天，对秧苗普施 1 次高效农药。养蟹稻田栽插前每亩施过磷酸钙或复合肥 5 千克，水稻生长期追尿素 2 次，每次每亩

1千克。除要人工拔除稗草外，育蟹种稻田一般不用农药和除草剂，不搁田。

（5）蟹种收捕　水稻收割后，放水将蟹种引入环沟中，让其自然越冬。一般在翌年2～3月收捕蟹种。方法是：捞出环沟中的水花生，均匀堆放在沟边空地上，环沟在晚间放水，翌日早晨在水花生底下捉取蟹种，连续2次可捕获90%以上，剩余部分挖洞手捉。

35. 蟹种培育阶段应重视哪些关键技术措施？

蟹种培育，必须重视以下几个技术措施。

（1）规格和质量　要求大眼幼体（即蟹苗）来源要正宗，最好是湖泊中用长江水系蟹种育成的亲本，大眼幼体繁殖符合标准化。育出的扣蟹要求规格整齐，体质健壮，活动敏捷有力，无残肢断足，无伤病，无蟹奴、纤毛虫等寄生虫附着。尤其是对规格的要求，以120～200只/千克为宜。规格过小（1000只/千克左右），则失去养大蟹的价值；规格过大（30～50只/千克），易导致性早熟。

（2）仔蟹分阶段培育　分阶段培育是提高蟹种培育成活率的关键之一。一般分两个阶段：第一阶段由蟹苗养成Ⅲ期仔蟹，此阶段经历13～15天，放苗时间最好在6月上中旬，在暂养池中培育，每期的规格标准为：Ⅰ期4万～14万/千克，Ⅱ期2万～4万只/千克，Ⅲ期1万～4万只/千克；第二阶段由Ⅲ期仔蟹育成扣蟹，此阶段至10月底结束，以后每期的规格标准为：Ⅳ期0.4万～1万只/千克，Ⅴ期1 600～4 000只/千克，Ⅵ期400～1 600只/千克，Ⅶ期200～400只/千克，Ⅷ期100～200只/千克。根据上述规格标准，在培育过程中定期抽测，视情况采取"控制"或"促长"措施。

（3）调节水质防缺氧　仔蟹进入稻田以后，尤其是7月上旬至9月底这段时间，据测定此时培育池水的溶氧量为1.3～4毫克/升，缺氧严重时仅为1.3～2.0毫克/升，河蟹在仔蟹阶段的窒息点为2毫克/升，因此要使仔蟹顺利地生长发育，溶氧必须在4毫克/升以上。主要是仔蟹的排泄物、动物分解产生氨态氮，而导致水质败坏，溶氧降低，轻则影响河蟹生长、蜕壳不利，重则导致幼蟹停止生长、负生长和死亡。预防措施是增加换水次数、清除河蟹不摄食或摄食不完全的水草，不投腐烂变质饵料。

（4）预防仔蟹上岸 大眼幼体变态为Ⅰ、Ⅱ期仔蟹后，仔蟹上岸不下水，或者赶下水后又立即上岸，或者死在水中，有的死亡率高达95％。原因：蟹苗质量差，消化器官发炎，饵料不适口，摄食量不足，水质恶化，纤毛虫附着和滥用药物等。应针对上述情况采取相应的对策。

（5）控制扣蟹性早熟 性成熟扣蟹对生产的危害较大，在长江中下游地区一般于3月底至4月初开始死亡，死亡率高达60％～90％。死亡个体大都在30～50克/只之间，也有16～29克/只的蟹种发生死亡现象。

36. 什么叫"早熟蟹"？什么叫"懒蟹"？

（1）早熟蟹 1龄蟹种收获时，部分较大规格个体的蟹种外部形态、副性征已与成熟蟹相同，性腺已完全或接近成熟，这种个体的蟹种被称为早熟蟹，也有称性早熟蟹种。早熟蟹放养后往往蜕壳不逐而死亡，即便不死亡，其生长速度也很慢。

（2）懒蟹 在蟹种培育过程中，常有一些仔蟹前期在洞穴里懒得出来活动、觅食，后期虽能觅食，但不蜕壳、不长大，到蟹种捕捞时，其规格在500只/千克以上，少数仍停留在Ⅲ～Ⅴ期仔蟹阶段，达不到蟹种的规格要求，失去了成蟹养殖的价值，蟹农称之为懒蟹。

37. 早熟蟹是怎样形成的？如何防止产生性早熟蟹？

（1）造成早熟蟹的主要原因

①育种池塘过大：育种池塘小而适宜，幼蟹相对集中，饵料容易做到均匀投喂，每只蟹获取饵料的机会也越高，规格相对更均匀整齐。池塘越大，幼蟹相对分散，饵料投喂无法实现全覆盖，久而久之，蟹种则会逐渐出现规格分化较大的局面，小的成为懒蟹，大的成为早熟蟹。

②密度过低：幼蟹密度过低，容易造成蟹种营养过剩，规格偏大，早熟蟹比例大幅度提高。

③饵料投喂过精：如果投喂饵料过精，特别是动物性饵料过多，再加上培育池中天然饵料比较丰富，使生性贪食的幼蟹营养过剩，形成了早熟蟹。

④有效积温增加：育蟹种水体较小，水位浅，水温上升快，如遇持续高温季节，水温一直较高，加速了幼蟹的生长和性腺发育，形成早熟蟹。

（2）控制性早熟蟹种的措施

①模拟自然生态环境：在苗种池中栽种一些水生植物，如投放水花生等，面积可为水体的 1/3。水草不但可供蟹苗摄食、隐蔽附着脱壳、降温，而且水草丛中还可滋生许多水生动物，增加蟹苗的天然饵料，同时水草还可吸收肥水，起到净化水质的作用。

②掌握好投饵方法：大眼幼体下塘时，水要肥，培育适量的浮游生物，投饵要做到两头精、中间青。即前期和后期投饵要精，中期要青。具体说，在幼蟹 4～5 月以投喂一些鱼糜、颗粒饵料精料为主。到了 7～9 月，要少喂精料，多喂适口水草，如瓢莎最好，此时天气炎热，河蟹喜欢摄食植物性饵料。因此，要以粗代精，既节约了饵料成本，又可控制蟹苗早熟。10 月之后，气温逐渐下降，蟹苗又停止了蜕壳，这期间必须以精料为主，使苗体健壮越冬。

③搞好注、排水：不断改善水质，加大水位，增加溶氧，控制肥度。

④调节好池水 pH：蟹苗生长的最适 pH 在 7.5～8.5，要保持这个标准。每月要施 2 次生石灰进行消毒，一般每亩 1 次施用 15 千克，既可调节水质，又可预防苗种疾病。

38. 懒蟹是怎样形成的？如何预防和控制产生懒蟹？

（1）造成懒蟹的主要原因

①养殖水体溶氧量太低：河蟹要求水中溶氧量保持在 5 毫克/升以上。当水中溶氧量低于 3 毫克/升时，河蟹会上岸栖息。时间一长，

它就在岸上洞穴里生活，不再下水觅食。

②养殖水位变动频繁：养殖水位时高时低，有的河蟹在水位上升时打洞穴居，水位下降后来不及向下迁徙，只得长期居于洞中。

③水中缺少漂浮物：水体溶氧量较低时，河蟹往往离开水体，呼吸空气中的氧气。如果水中有漂浮物，河蟹就能爬上去。如果水中无漂浮物，河蟹只好往岸上爬，在岸上打洞穴居。

④饵料投喂不均匀：河蟹养殖过程中投喂饵料不均匀，部分河蟹觅不到饵料，久而久之，这部分河蟹就缩在洞里，不肯出来觅食。

（2）预防和控制产生懒蟹的措施

①定期换水：每隔3～4天换1次水，每次换水1/3～1/2。

②控制水位：夏天适当提高水位，以保持水温相对稳定。

③按照"四定"原则投喂饵料：即定时、定量、定点、定质投喂。投喂点数量应根据池塘大小、河蟹数量合理确定，布点力求均匀。

④增加水中附着物：面积较大的成蟹池，可在池塘中设置水花生群落。

⑤适当控制放养密度。

39. 如何提高蟹种培育的效果？

在蟹种培育过程中，为防止饲养的幼蟹自相残杀，防止产生懒蟹或早熟蟹，提高经济效益，在生产上幼蟹培育应遵循以下原则：

（1）提供一个无敌害、符合幼蟹生长要求的池塘环境　幼蟹要求清水、水草多、无敌害的环境，并喜欢在浅水处蜕壳。而池塘坡度大，水草多，幼蟹挖穴少，为幼蟹过隐居生活提供了良好条件。

（2）根据蟹种生长期的密度，分级饲养　按个体增重情况，逐步降低生长期密度，是提高成活率的技术关键之一。这样既可以充分利用水体、饵料、发挥蟹种的生长潜力，又防止了蟹种因密度过大而影响生长，降低成活率，从而降低经济效益。但蟹种在饲养阶段很难用捞捞的方法来降低密度，因此生产上可采用二级培育法。即将一个大池塘按一定比例一分为二，选用较高的密度在一级池中培育，待长到一定规格，再去掉防逃墙，开通蟹沟，加水，让蟹种自己爬进第二级培育池，至此，蟹种才在整个大池塘中生长。

（3）种养结合，建立多元化的复合生态系统，提高经济效益　池塘内单一饲养蟹种，其水体、饵料没有充分利用，而且养蟹池因大量投饵后，水质容易变肥并浑浊，不利于蟹种栖息、蜕壳和生长。而在蟹种池种植水生经济作物和养一些滤食性鱼类，则可以做到蟹稻、蟹和水生蔬菜互生，蟹鱼混养。河蟹的粪便、残饵肥水，水生植物和滤食性鱼类可利用水中的营养盐类和浮游生物，不仅促进水生植物和鱼类生长，而且使池水转清，也有利于河蟹生长，与此同时，水生植物既可以为河蟹提供新鲜适口的植物性饲料，又能为河蟹提供栖居、蜕壳的良好环境。它们互利共存，形成一个水底、水中、水面结合的多元化的生态系统，既提高了经济效益，又提高了社会效益和生态效益。

（4）在幼蟹的饲养前期，为防止产生懒蟹，需用动物性饵料或优质人工饵料促进其生长　配合饲料的配方为，进口鱼粉 25％，骨粉 3％，发酵血粉 15％，酵母粉 2％，豆饼粉 22％，矿物添加剂 2％，棉仁饼粉 10％，维生素 0.1％，小麦麸 11％，蜕壳素 0.1％，玉米粉 9.8％。

该配合饲料的黏合剂为田莆粉或化学浆糊，加入量为饲料总重量的 1.5％，上述原料必须粉碎成细粉状，经 40 目矿筛筛出，用造粒机轧制成颗粒饲料，其粒径为 2.5 毫米，在水中可维持成型 6 小时。

家庭小规模生产可采用鲜杂鱼加食盐烧熟后去骨，搅拌成鱼糜，再加入麦粉（包括麸皮）拌匀，加适量水，用摇肉机或软颗粒机轧成颗粒状晒干备用，杂鱼、食盐、麦粉的比例为 0.6∶0.01∶1。

40.　捕捞蟹种的工具和方法有哪些？怎样暂养蟹种？

扣蟹捕捞，可采用以下几种方法：

（1）工具张捕　可在蟹种培育池中安设地笼、甩笼等工具，原理是捕捉工具有倒须，蟹种能进不能出。此法适用于水温高、蟹活动时进行，方法是将工具安放在蟹种经常吃食、活动的地方。布设捕蟹工具后，以后每天取蟹种 2～3 次。

（2）抄网抄捕　在蟹种培育池一摊一摊地布上水花生、水葫芦等水生植物，天暖时用蟹喜食的碎小杂鱼、螺、蚌肉等饵料洒在上面，诱蟹在其上觅食和栖息，用带兜的抄网把水生植物轻轻捞起并抖动，将水生植物再放下塘，倒出网兜中的蟹种。

（3）冲水聚捕 一般白天放干培育池中的水，在进水口处垫高并铺上塑料薄膜，薄膜周围用泥土压实，晚上向池中冲水，沿薄膜向池底四周扩散，形成流水，利用蟹种溯水向进水口集中的习性，在薄膜上人工捕蟹。如果配以灯光，效果更好。

（4）人工挖捕 一般在上述方法收捕后进行，塘、田、沟中蟹种大部分已捕获，有少部分由于水位涨落较大，在水位线下打洞钻穴，此时只有采用小竹篾或小铁锹等挖洞的方法，但操作要细心，以防伤及幼蟹，同时挖出的蟹种要立即冲洗，以免浑水浆呛伤而降低蟹种放养后的成活率。

蟹种捕出后，应放入暂养池内暂养。暂养池以土池为佳，要求池底无淤泥，多水草，防逃设备良好，排灌水和日常管理方便，一般每亩可暂养蟹种 500 千克。

41. 蟹种的运输方法和注意事项有哪些？

幼蟹运输必须掌握低温、通气、潮湿和防止幼蟹活动四个技术关键。具体方法是，先将待运幼蟹放在竹编的蟹笼内，置于河流或湖泊的微流水中，经 4～6 小时吊养，待其肠道粪便排空后，再将幼蟹放入浸湿的蒲包内，蟹背向上，一般每蒲包装幼蟹 15 千克左右，然后扎紧，只要保持通气、潮湿的环境，24 小时不必开包查看，运输成活率均达 95％以上。

42. 怎样搞好蟹种的越冬的饲养管理？

蟹种大都在培育池中度过漫长的冬季，因此，必须做好越冬准备和冬季饲养管理工作。

（1）越冬前的准备

①强化投喂：在蟹种进入越冬休眠期前，应强化投喂，让蟹种积

累一定能量，以供休眠期的消耗。投喂多以动物性饵料为主，如海（淡）水小杂鱼、小虾、蚌肉、螺蚬肉、蚕蛹、各种动物的尸体、下脚料、畜禽血、鱼粉、昆虫幼体、浮游动物、丝蚯蚓等，也可投喂添加动物性饵料的人工配合饵料。要尽量延长投喂期，不能因整体摄食量下降而过早停喂。

②调控水质：蟹种对水质的要求比鱼种高，对水质的污染也更敏感。蟹种喜欢生活在水质清晰透明、水草茂盛的微碱性或中性的水域中。池水适宜的 pH 为 7～9，最适 pH 为 7.5～8.5。pH 过低，会导致蟹脱不下壳。但 pH 忽高忽低，变幅过大也会影响脱壳。池水水位应不低于 1 米，溶解氧应保持在 5 毫克/升以上。溶解氧过低，会导致蟹不吃食，不脱壳。

③防寒保湿：蟹种自身打穴钻孔的能力较弱。在池养条件下，蟹种钻穴越冬难度则更大。可因地制宜采取下列补救措施：一是加深水位，增加水草（水花生等）覆盖面及深度；二是人工杆插巢穴，如设有蟹岛的池，可在岛上用砖瓦等材料筑好巢穴后，加深水位，使巢穴沉浸水中，以供蟹种栖息；三是在池的背阳面建筑挡风墙，有条件的可将塑料薄膜覆盖在池上。

（2）越冬期间的管理

①保持适宜的水位，适时换水，并定时施用适量生石灰，以防水质偏酸。一旦表层结冰，应及时破碎，以防缺氧。若棚架上积雪较多，应及时清除，同时应避免雪水进入池中。

②坚持巡塘，防鼠害，防偷盗。

③每日测水温、气温，记录当日天气情况。

（3）越冬后的要求

①经过漫长的冬眠期后，蟹种体质减弱，所以不能提早分池和长途运输，以避免造成损失。

②尽早开食，投喂动物性饵料，以使蟹种尽早恢复体质。

五、优质商品蟹的养殖技术

43. 目前我国河蟹养殖有哪几种主要形式?

成蟹养殖根据不同水体和人工控制程度,可分为以下几种形式:

(1)池塘养蟹 在池塘内养成蟹,人工可控制养殖的全过程,回捕率较高,但出塘规格和肉质逊于大水体养蟹。按养殖方式又可分为:

①池塘单养以蟹为主,搭配一些鱼类:一般每亩产成蟹50～75千克,高产池塘可产成蟹200千克。

②鱼蟹混养以鱼为主,搭配一些蟹种:一般每亩产成蟹15千克左右,高产池可达40千克。

(2)湖泊、水库、河沟河蟹增养殖 蟹种在天然水体中养成成蟹,其环境条件较好,天然饵料充足,成本低,成蟹上市规格大,品质好。但回捕率较低。根据目前养殖方式可分为:

①湖泊网围养蟹:在湖泊中选择水草茂盛、水质良好、水流平缓、水深适中的水域,用网片围拦成一定的面积,根据河蟹生长要求,投饵精养。这种养殖方式吸取池塘和湖泊养蟹的优点,其水质好,活动空间大,饵料充足,密度较稀,出栏的河蟹规格大,品质好,回捕率可达40%～60%,成本低,效益高。通常每亩可生产成蟹15～30千克,高产网围养蟹每亩可达65千克以上。

②湖泊、水库、河沟蟹种放流:这种养殖方式已有几十年历史,20世纪60～70年代湖泊、水库、河沟放流蟹苗;80年代改为放养仔蟹或放养1龄蟹种,均有明显效果。但这种养殖方式通常不投饵料,其生产结果受自然因素影响极大,尚属粗养方式。放养的水体要求水质良好,水草茂盛,流速平缓,与外界相通的水口少才有较好的效

益，一般成蟹的回捕率仅 0.5％～5％。

③草荡、芦苇滩地养蟹：草荡、芦苇滩地适合河蟹生长的生态要求，生产成本低，上市规格大，品质好，但其回捕率较低。

(3) 稻田养蟹 稻田养蟹，既可以使稻田少施肥料，杀灭虫害，清除杂草，又增加了水稻的千粒重，稻田环境稍加改造，也适应成蟹生长。一般养蟹稻田的水稻比不养蟹的稻田稍有增产，每亩产成蟹20～30 千克，高产稻田每亩产成蟹可达 50～75 千克。由于稻田养蟹周期短，河蟹规格一般较小。

44. 如何鉴别和选购蟹种？

购买蟹种时，要详细了解蟹种的来源渠道、培育方法、是否用药等情况。首先看蟹种的壳色，如壳色为墨绿色，说明性腺已发育成熟，开春后不能正常蜕壳生长，清明节前后会出现大量死亡而失去饲养价值。其次是看蟹种的形态特征，雌蟹看其腹脐是否圆满，如腹脐圆满且周围长满刚毛的不能选用；雄蟹要先看腹脐，如果腹脐基节隆起，颜色发黄，则不能选用；再看螯足周围的刚毛，如果刚毛已经长满的也不能选用；最后可打开蟹种的头胸甲，如在肝区上看到 2 条紫色条状物，且有卵粒，或有 2 条白色块状物即精巢，则表明性腺已成熟，若只看到橘黄色的肝脏，则表明性腺未成熟。同时要掌握以下三点：

（1）蟹种要求体质健壮，规格均匀，甲壳附肢完整，无病无伤无附着物，倒地后能迅速翻爬开。

（2）在附近育苗场就地购买蟹种，避免长途运输、减少中间环节。

（3）宜选择灯光诱捕、流水诱捕的蟹种。注意防止误购药物诱捕的苗种。

45. 蟹种放养有哪些具体要求？

蟹种放养是成蟹养殖的第一道工序，选择品种纯正、体质健壮、规格适宜的蟹种科学放养，是养蟹成败和效益高低的关键。放养蟹种应掌握以下技术要点：

(1) 选购长江苗培育的蟹种 在选购蟹种时，要了解蟹苗的来源，要求亲蟹来自于长江水系，个体较大，雌蟹每只重 100 克，雄蟹每只重 150 克以上。最好选购土池模拟天然环境繁殖的大眼幼体培育的蟹种。

(2) 识别和剔除性早熟蟹种 识别方法为：①看蟹脐。性成熟的雌蟹蟹脐周围长有绒毛，雄蟹腹甲内的交接器已发育成白色坚硬骨质化的管状物。②看绒毛。性早熟的蟹种螯足或步足绒毛稠而密长，颜色较深。③看头胸甲的颜色及蟹纹。性成熟的蟹种背甲为墨绿色或青色，且背部都为凹凸不平状。④看蟹种的性腺发育状况。若在肝上看到有 2 条紫色条状物，甚至有卵粒，则为性成熟卵巢；有 2 条白色的块状物，则为成熟的精巢。性早熟的蟹种在成蟹养殖中，绝大部分因蜕壳困难而死亡。

(3) 重视蟹种的运输和消毒 蟹种运输时间越短越好，最好在12 小时以内，蟹种用蒲包、密网袋或蟹苗箱盛放，运输途中防止挤压和失水。经运输的蟹种放养前应在水中浸泡 2～3 分钟取出，如此反复 2～3 次，让蟹的鳃吸足水分。为防止蟹种带入寄生虫和病菌，经浸水处理后放入配置好的药液，浸泡消毒 3～15 分钟，然后让其自行爬入养殖水域，常用消毒药物有食盐 2%～5%、硫酸锌 15～20 毫克/升。

(4) 掌握蟹种放养时间和密度 蟹种放养适宜在 2 月底至 3 月初、水温 8～12℃时进行。蟹种的规格为每千克 100～200 只，这样才能确保成蟹上市规格。同时要改密养为稀放，一般每亩放养600～1 200 只，最多不超过 1 500 只。蟹种经过暂养后放养，可大大提高下塘成活率，视水温和池水中水草生长情况而决定暂养时间的长短。

46. 蟹池中是否可以套养其他鱼类？套养多少合适？

池塘混养的原则是，凡是与主养对象在饵料上有矛盾的种类一概不混养。因此，以河蟹为主的成蟹池，不能混养草食性鱼类（草鱼、团头鲂），而只能混养滤食性鱼类（鲢、鳙等），腐屑食物链鱼类（细鳞斜颌鲴），杂食性鱼类（鲫等），青虾和小型肉食性鱼类（鳜、黄颡鱼等），从而防止水质过肥。但由于河蟹池水草多，池水较清瘦，故混养数量不宜多。通常，每亩混养 100～150 克的鲢、鳙鱼种 20～30 尾，（放养与收获见表 5-1）。此外，养蟹池不能混养鳖，鳖是养蟹池的敌害生物，不能混养。

表 5-1　每亩池塘河蟹放养收获

种类	放　养			收　获	
	月、日	规格	数量	规格	重量
青虾	2.10 6.20	2～3 厘米 0.7～1 厘米	5 千克 3 万只	4～6 厘米	20 千克
河蟹	3.1	150 只/千克	500 只	175 克	60 千克
鳙	3.1	125 克/尾	15 尾	1 500 克	25 千克
鲢	3.1	100 克/尾	5 尾	1 000 克	
细鳞斜颌鲴	3.1	12 厘米/尾	200 尾	300 克	50 千克
异育银鲫	3.1	10 厘米/尾	100 尾	300 克	30 千克
黄颡鱼	7.10	3 厘米夏花	500 尾	50 克	25 千克
合计					210 千克

47. 蟹池套养名贵鱼类生态养殖模式有哪些操作要点？

近年来，在河蟹主养区推广了蟹池套养名贵鱼类生态养殖模式，取得了显著的生态、经济和社会效益。

（1）养殖条件

①池塘条件：一般的自然养殖池塘，或利用低产农田四周挖沟筑堤改造而成的提水池塘，要求环境安静，阳光充足，排灌方便，水陆交通便利。水源水量充足，水质清新无污染，符合 NY 5051—2001 标准。

②设施配套：防逃墙用水泥板、铝板作围板，竹木桩支撑，细铁丝扎缝，土上部分 0.5～0.7 米，土下部分 0.2～0.3 米，四角建成弧形。池塘两端分设进、出水口。进水口设在水位最高的界面上，用水

泥涵管伸入池内；出水口设在进水口对面。进、出水口都用铁丝网封扎防逃，进水口还需加套筛绢制作的管袋，防止敌害生物随水进入。较大的池塘塘内设1~2吨水泥船1条，用于投饵、施肥和管理。同时，配备抽水机泵、增氧机和看管房等设施。

③设置暂养区：在池塘中间用网围一块占池塘总面积1/10~1/5的暂养区，用于种草前暂养蟹种，待水草生长茂盛后在5月前后撤离。

（2）放养模式

①清淤消毒：苗种放养前先抽干池水，挖去过多的淤泥，经曝晒或冰冻15~20天后，经过滤注入新水30~50厘米，每亩用生石灰100~150千克溶化后全池泼洒消毒。

②施肥培水：用腐熟的有机肥加少量生石灰，堆在水深30~40厘米处，上面用底泥封盖，让其在池中慢慢释放，也可用无公害清洁肥，如复合肥、长效肥宝等。施肥量视池水淤泥等情况灵活掌握，一般每亩施有机肥100~200千克。

③种草投螺：2月前后栽种伊乐藻和播种苦草，伊乐藻用草茎在泥土中栽插，苦草用草种拌细土撒入池底，一般栽插1~3米宽的伊乐藻，留2米左右的空白带，播种1~3米宽的苦草，1~2个月即可发芽、生根、生长，达到繁茂，水面上移殖占总面积1/5左右的水花生群落。清明前向养殖区内投入鲜活螺蛳，每亩300~500千克。

④苗种放养：见表5-2。

表5-2 蟹鱼套养模式苗种放养表

模式	品种	规格	时间	每亩放养量
河蟹＋鳜	河蟹	160只/千克	2~3月	600~1 000只
	鳜	6~9厘米	5月底	15尾
	青虾	2~3厘米	2~3月	3千克
	鲫夏花	2厘米	5~6月	1千克
河蟹＋黄颡鱼	河蟹	160只/千克	2~3月	600~1 000只
	黄颡鱼	8~12厘米	2~3月	300尾
	青虾	2~3厘米	2~3月	3千克

（续）

模式	品种	规格	时间	每亩放养量
河蟹＋翘嘴红鲌	河蟹	160只/千克	2～3月	600～1 000只
	翘嘴红鲌	10～13厘米	2～3月	30尾
	青虾	2～3厘米	2～3月	3千克
	鲢鱼夏花	2厘米	6～7月	1.5千克

（3）日常管理

①饵料投喂：饵料品种有蚌肉、螺蛳肉、小鱼虾以及麦、谷、饼类和南瓜、甘薯、水生或陆生鲜嫩的草类等，也可用全价配合饲料。投饵根据天气、水质、天然饵料数量、各养殖品种，估计某阶段存塘量和生长季节灵活掌握。河蟹采取"两头精、中间粗"，荤素结合，合理搭配，定点投喂的方法，每天下午投喂1次，次日检查，剩余减少、不足增加，一般按池蟹重量的7%左右安排日饲料投喂量。混养品种主要利用蟹、鱼的饲料和残饵，一般不专门投饵。

②水质管理：一是水质要求。透明度30～50厘米，水色以清爽的黄绿色为最好，溶解氧5毫克/升以上，pH 7～8中性偏碱，氨氮不超过0.2毫克/升，亚硝酸盐0.02毫克/升以下。二是水位。坚持"前浅、中深、后勤"的原则，即前期保持浅水位，以提高水温，促进蜕壳；中期特别是炎热的夏、秋季，要保持深水位，始终保持水质清新，溶氧充足。三是加水换水。平时自然蚀水、水位过浅时，要及时加水；水质过浓时，则应及时更换新水，尤期是夏、秋季更要勤换水。四是化学和生物调控。定期全池泼洒生石灰水和使用光合细菌、EM菌、枯草菌等生物制剂。

③病害防治：所放蟹种用高锰酸钾或食盐、鱼种用漂白粉或敌百虫等药物药浴消毒10～30分钟。生长季节每20天左右施1次生石灰，每亩每次5～10千克，既可消毒防治病害，又能改善水质，调节pH，还能增加钙质，促进蟹、虾的蜕壳与生长。生长季节每个月加喂1次药饵（50千克饲料加大蒜素25克，每天2次，连喂3天）。另外，对于肥料、水草、工具等，经常用漂白粉消毒。

④捕捞暂养：成蟹捕捞在10月份以后进行，采取徒手捕捉与地

笼张捕相结合，捕捞的河蟹暂养在蟹箱中待售。青虾实行轮捕上市，定期捕捞达到4厘米以上的成虾销售，以防性成熟繁殖后死亡。鳜、黄颡鱼、翘嘴红鲌采取年底干塘起捕集中收获。

(4) 养殖关键点和注意事项

①重视种草投螺：养殖池中的水草，既增加隐蔽场所，又能作为植物性饵料。水草种类包括苦草、轮叶黑藻、伊乐藻和水花生等。水草的覆盖面积达池塘面积的 $60\%\sim70\%$，过多的水草应清除，特别是伊乐藻，生长旺盛，易封盖水面，尤其是后期要定期清理通道。螺蛳是蟹的优质天然基础饵料，在养蟹水体中与蟹共生，既可净化水质，又是鲜活饵料让蟹自由觅食。饲养期间视蟹摄食情况要适当补充。

②适当投喂套养鱼饵料：鳜、黄颡鱼、翘嘴红鲌虽然都是肉食性为主的凶猛鱼类，但其食物结构有不同之处。鳜终生以鲜活鱼、虾为饵，主要摄食底层小型鱼类，如鲫、泥鳅、罗汉鱼等；黄颡鱼在蟹池中除摄食鲜活鱼、虾外，还摄食人工投喂的螺蛳或鱼浆与植物性饲料混合料；翘嘴红鲌在蟹池中主要摄食中上层小型鱼类，如鲢、鳙夏花等，同时，也摄食人工投喂的死鱼或冰鱼块等饲料。因此，在蟹池混养中，为提高名贵鱼的产量和规格，可适当投喂饵料。

③谨慎使用药物：鳜、黄颡鱼对药物较为敏感，故使用渔药时要有选择，并精确计算用药量，尤其是高温季节，更要谨慎，通常用低剂量或不用药。养殖全过程所使用的药物，都必须符合 NY 5071 标准。鳜易发生缺氧浮头，如严重浮头会导致全军覆没，因此水质不宜过肥，定期加注新水，保持池水清新、高溶氧量是混养成败的关键。

48. 蟹池中套养鳜有哪些优点？

蟹池混养鳜的优点为：

(1) 鳜可清除蟹池中的野杂鱼类，变害为利 养蟹水面由于经常加水、换水和投入水草，难以避免地从天然水域中带进了一些野杂鱼、虾，它们与河蟹争食、争氧、争空间，通过混放一定数量的鳜鱼鱼种后，形成河蟹残饵被野杂鱼、虾利用，鳜将其捕食，起到减少耗氧、腾出空间、净化水质、促进河蟹生长，提高河蟹产量、规格、品质和增加名贵商品鱼的目的。

（2）**投入少，见效快，效益好** 当年5～6月在蟹池中混放鳜鱼种15～30尾，每亩仅需30元左右的苗种费，不再增加其他成本，可产商品鳜7.5～15千克，加上提高河蟹的规格和产量10%左右，每亩可增收200～300元，高的能达500元以上。

（3）**有利于挖掘池塘生产潜力** 根据鳜的摄食习性，蟹池中混养的鳜不会对河蟹（包括蜕壳蟹）造成任何危害，蟹池中合理安排不同生态位的养殖品种，使其相安而居，让各营养级上的物质能量得到进一步转化利用，在池塘有限的养殖时间和空间内容纳更多的生物量。

（4）**有利于环境保护和无公害水产品生产** 由于混养比单一养殖放养密度低，通过栽种水草、投放活螺蛳、应用微生态制剂等技术措施，生存环境条件好，养殖期间病害的发生明显减少，降低了用药防病治病的成本，避免了药残和对环境造成污染的问题，水产品质量安全得到了保障。

49. 蟹池中套养鳜应掌握哪些要点？

蟹池中套养鳜应掌握以下要点：

（1）**套放的鳜苗种规格不能太小** 有些养殖户为图便宜，所购买的鳜夏花规格偏小，一般在3厘米左右，这样的小鳜苗适应性和摄食力都很弱，其成活率极低。建议所放养的鳜苗种规格必须在5厘米以上，如有可能的话，放养规格在10厘米左右规格的更好。另外，要根据池中野杂鱼、虾的数量合理确定鳜放养密度，一般套养密度为10～30尾/亩。

（2）**池塘中要有充足的鳜适口饵料** 如果池塘中适合鳜捕食的鱼、虾数量太少，很可能会引起鳜自相残食，影响其成活率，同时养成规格偏小，销售价格低。建议在放养鳜苗种前，要在蟹池中放养一定数量的家鱼夏花和鳜苗种适口的野杂鱼，或者放养部分鲫和青虾，让其自然繁殖为鳜鱼提供适口饵料。

（3）**要谨慎使用药物** 鳜鱼生活在水底，患病初期不易被发现，且终生以活鱼为食，用内服药物防病治病操作很难，同时鳜鱼对一些常用药物极为敏感，如敌百虫等药物对鳜鱼的安全浓度极低。因此，采取苗种放养前彻底清塘消毒，营造良好的生活环境条件，定期泼洒低浓度的生石灰液，使用光合细菌、EM菌等生物制剂等生态防治措施。

50. 河蟹池塘高效生态养殖模式有哪些操作技术？

（1）养殖条件

①池塘条件：池塘的选择要求水源充足，排注水方便，水质应符合 NY 5051 的规定。以新开池为最好，一般池塘也可，面积 10～30 亩，最小不小于 4.5 亩，最大不超过 45 亩；水深 1.2～1.8 米，平均 1.5 米左右，坡比 1：（3～4），有一定的浅滩区，缓坡河蟹不易打洞；淤泥 10 厘米以下，最好 5 厘米左右（稍留底泥，对水草生长、缓冲因河蟹爬行引起池水混浊有益）；池角呈圆弧形，可以减少外逃；浅滩区域（水深 0.5～1 米）占 50% 以上。池中央为平坦底质的浅滩区，最高水位 0.5～0.8 米，池中四周留埂，浅滩脚外为深水区，开挖养蟹沟，沟宽在 5～8 米，最高水位可达 1.5～1.8 米。另外，进、排水口应该设置在池塘对角线上。

②清塘消毒：要求在春节前完成，清淤消毒后曝晒 15～30 天。消毒的方法为：使用生石灰清塘，带水 20 厘米，用量为 150～200 千克/亩全池泼洒，随即均匀翻耙底泥。也可结合使用茶粕除野，使用时用茶粕浸泡 24 小时，加 20～30 倍 1% 的食盐水效果更佳，泼洒浓度为 20～30 克/米^2。

（2）苗种放养

①放种前准备：沿池埂四周内侧建防逃设施，一般可选用加厚薄膜、钙塑板或铝皮等作防逃材料。用木桩固定，防逃板下端埋入底泥 10～15 厘米，高出埂面 60 厘米，每隔 0.5～1 米设一桩支撑，最好在其外围四周设置网片，高 1 米。另外，进、排水口采用 30～60 目双层筛网过滤，防止较大敌害生物的混入。水草在蟹种放种时已形成一定优势的可不设暂养区，水草未形成优势的要在蟹种入池前 15 天，

用网片圈出占池塘面积1/10～1/5的范围作暂养区，地点为深水区或集蟹沟处（水位相对深的区域），用作春季蟹种强化培育。暂养区种植水草，待水草覆盖达50%～60%时拆除暂养区网片。暂养时间一般至4月。在选择蟹种时宜在本地就近选购，尽量不进外地苗。当地苗比外地苗在体质、回捕率等许多方面有明显优势，同时要求规格（120～240只/千克）基本均匀一致；蟹种脚长，足爪无缺损（包括爪尖无磨损），色泽光洁、新鲜、无附物，呈半透明状长脚。如无经验，则可到本地培育优质扣蟹经验较丰富的专业户处选购。

②放养模式：以河蟹为主，围绕食物链及水体环境改良，建立适宜河蟹为中心的多品种生态平衡关系。主养河蟹，套放适量青虾、鳙、鲢、鳜、翘嘴红鲌和黄颡鱼等。

③放养密度：从池塘水体允许载鱼量出发，适量稀养，减轻负荷，减少污染源（饵料、代谢产物），也符合生产大规格河蟹适应市场需求的目的，同时确保各种套养品种达到上市规格的要求（表5-3）。

表5-3　每亩合理放养模式

河蟹		青虾		鳙		鲢	
规格（只/千克）	数量（只）	规格（只/千克）	数量（千克）	规格（尾/千克）	数量（尾）	规格（尾/千克）	数量（尾）
120～240	500～600	800～1 200	6～8	5～6或2～3	10～12或15～20	5～6或2～3	5～8或5～10

鳜		翘嘴红鲌		黄颡鱼		花鲭	
规格（厘米）	数量（尾）	规格（厘米）	数量（尾）	规格（尾/千克）	数量（尾）	规格（厘米）	数量（尾）
>5	10～12	>12	6～8	20～40	30～60	>12	20～30

注：面积较大的池塘，应适当减少河蟹的放养密度。

④放养时间：河蟹放种时间为11～12月或2～3月中旬，水温以5～10℃较宜。冬季放养要求在12月上旬前后结束。水位控制在80～100厘米。其他品种除鳜（5～6月）外，与河蟹放种时间基本同步。在放种前应先用池水把蟹种浸2分钟后提出片刻，再浸2分钟后

提出，重复 3 次，然后用 3％～5％食盐水浸泡 3～5 分钟；或用浓度为每立方米水体 10～20 克高锰酸钾浸泡 10 分钟，再到塘口暂养区放养。有水草的可直接下塘，任其自行爬入池水，放种时水位控制在 50～60 厘米（春季）。

(3) 养殖管理

①水草种植：河蟹喜好栖息在水草丰富的水域。水草不仅为河蟹提供天然饵料，而且能调节水温，提供隐蔽场所，能吸收水体中的氮、磷和重金属，防止水体富营养化，控制水体污染。蟹池中适宜种植的水草有伊乐藻、苦草、轮叶黑藻、空心菜、黄丝草、青萍等。

伊乐藻一次栽种法：在清塘消毒后移栽，数量 10～15 千克/亩；两次移栽法：在蟹种放养 1 个月前，选定池塘某区域栽种或者在水草专门蓄种池移栽，栽种面积均为养殖池塘面积的 10％～20％，到 5 月中下旬全池再移栽。轮叶黑藻在谷雨前后移栽，数量 30 千克/亩。黄丝草在放种前移栽，最好在春节之前，数量 30～50 千克/亩。空心菜在 3 月下旬至 4 月初直播，或在 2 月中旬大棚育苗后移栽，直播或移栽点可在蟹池四周水位线向上岸坡 20～30 厘米处，每亩用种子 5～10 克。苦草采用播种法，播种量为每亩水面用量 60～100 克（干重）。青萍在 6 月移入，青萍控制覆盖率 5％左右。在池塘中水草分布要有疏有密，水草覆盖率在河蟹生长期应保持在 60％～70％，过疏、过密都不利于河蟹的生长。

②投放螺蛳：人工投放螺蛳，既提供优质的天然动物蛋白源，又能净化底层水体水质，减少养殖污染。螺蛳宜采用两次投入法，即在清明前后投入活螺蛳 150～200 千克/亩，6～8 月再投入活螺蛳 150～250 千克/亩。两次投入能防止因一次性投入量大，造成前期水质清瘦、青苔大量繁殖而影响河蟹生产。

③青苔的控制方法：一是可以前期适当肥水，保持一定的肥度对青苔的生长能起抑制作用；二是如果塘口面积小或劳动力足够，则可以在青苔生长期采用人工捞除；三是可以在青苔出现早期使用硫酸铜，选择天气晴好、塘口水位在 60 厘米以下，使用硫酸铜对水全池泼洒（硫酸铜用量不超过 150 克/亩），第二天要注意加水；四是慎用药物，常见的除青苔药物一般均会影响水草的生长；五是冬季放养宜

深水位（80～100厘米）越冬，至2月中旬（水温8～10℃）及时多次排水，逐渐降低水位至30～50厘米，不仅有利于河蟹的开食，而且有利于伊乐藻及时生长，抢先形成优势种群，对抑制青苔作用明显。

（4）饲料投喂

①饲料质量：饲料的选择应符合GB 13078《饲料卫生标准》以及NY 5072《无公害食品　渔用配合饲料安全限量》的规定。

②投喂方法：从2月中下旬至4月，水温在8～10℃时，选择晴天，以新鲜小杂鱼煮熟后拌少量小麦粉成团块状多点投喂开食为佳，日投1次，时间为17：00，投喂量为在池蟹体重的2%～3%，或隔2～3天喂1次，投喂量为在池蟹体重的5%～6%。如无小杂鱼可用全价颗粒蟹饲料（蛋白含量38%～40%）投喂也可，投食量稍减。从5月份开始，水温在15～18℃时，每天投2次。第一次在8：00～9：00，占日投量的30%，地点在深水区。第二次在17：00～18：00，占日投量70%，地点在浅滩区。到6月，日投食量从3%逐渐增加到8%，饲料以小杂鱼（蚌肉、螺肉也可以）、全价颗粒饲料（蛋白质含量由原来的38%逐渐向30%过渡）为主，搭配20%～30%的豆粕、玉米、小麦等。从7月初至8月中旬，日投2次（方法同5～6月），以玉米、小麦、南瓜、甘薯、黄豆、蚕豆、水草和青萍等植物性饲料为主（其中，玉米、小麦、黄豆、蚕豆煮至八成熟较好）。高温季节，为减少残饵污染，适宜投喂颗粒饲料（蛋白质含量为25%～28%）。颗粒料、精料、干料日投量为3%～5%，鲜料为8%～10%。从8月下旬到9月，以动物性饲料为主，占60%，植物性饲料占40%，日投量为8%～10%或颗粒饲料（蛋白质含量36%～38%）。10月始至11月上旬，日投量从8%降至5%，日投2次（方法同5～6月）。11月中旬开始，以植物性饲料玉米、小麦、豆粕等为主，日投1次，平均日投量为1%～3%（晴天投喂，水温8～10℃）。

（5）水质调节

①透明度：5月前保持30～40厘米，5月后到夏季50厘米以上，中后期保持水质清新。

②水位：从放种（春放）时50～60厘米开始，随着气温的升高，

视水草长势，每 10～15 天加注新水 10～15 厘米。3～5 月水位保持 50～70 厘米（早期切忌一次加水过多）。6～8 月水位保持 1～1.6 米，9～11 月水位保持 1 米左右。应注意夏季保持较高水位，可降低水温，减少河蟹性早熟比例。

③水质改良方法：常规水泵与水下增氧机相结合。用常规水泵注水，特别是在 6～9 月每天 3 小时（晴天 13：00～16：00，阴雨天半夜或凌晨）进水，形成一定时间内的水体微流，既增加外源性微量元素，又保持水质清新。由于蟹池有大量的沉水植物，应人工设置一定区域数量的无水草通道，以利于水体流动。采用对河蟹影响（低噪音）小的水下增氧机对水体增氧和促进底层水体流动。在 4～6 月，每 20 天使用 1 次生石灰，每次 10 千克/亩（平均水深 1 米），多对水全池均匀泼洒。6～9 月，每 20～25 天使用 1 次二溴海因（或溴氯海因），每立方米水体 0.3 克，在加注新水后泼洒。7～9 月，用 EM 微生物制剂全池泼洒 4 次（最少 3 次），用量为 0.5～1 千克/亩（平均水深 1 米）；或用光合细菌 2.5～5 千克/亩（平均水深 1 米）泼洒或拌土底施。EM 微生物制剂或光合细菌等，在生石灰等消毒剂使用后 7～10 天使用，使用后 20～25 天时可泼洒生石灰等消毒剂。一般在早上使用微生物制剂前，应先进水增氧，预防微生物制剂在短期内大量繁衍耗氧造成蟹池缺氧。在微生物制剂应用 15～20 天后，进水口处袋装二氧化氯，通过水泵进水流动，增加全池水体溶氧。高温或梅雨季节池塘水体底层容易缺氧，往往被养殖户所忽略，容易引起河蟹抗病力下降，应适时采用颗粒型增氧剂（如粒粒氧：以过碳酸钠为主要原料），可快速沉降水体底部，缓释活性氧，增加底层溶氧，促进有机物分解。

④换水：高温季节（7～8 月）。每 7～10 天换水 1 次，每次换水 30 厘米。9～10 月每周换水 1 次，每次换水 1/3（有条件的 7～9 月，每天注少许新水，达到微流水）。如果外河水质差，不能换水，可以采用自己内塘循环流水和增氧泵，保证水的流动，确保水质良好。

⑤蜕壳期管理：外用药泼洒、施肥应避开河蟹蜕壳相对集中期，同时，掌握河蟹蜕壳规律，预计下一次蜕壳高峰期。蟹池消毒应在蜕壳高峰期前 1 周换水后进行，并在投饲中添加蜕壳素（一般 1%）和

磷酸二氢钙（饲料级）以及果寡糖，维生素 C、三黄散等，蜕壳高峰期内应减少投饵量，并注意环境要相对安静。

⑥一般日常管理：每天巡塘 2 次，结合早晚投饵察看河蟹蜕壳、生长、病害、敌害情况，检查水源是否污染，检查防逃设施，并及时修补裂缝，严防偷盗。

（6）病害防治 病害防治药物的使用执行《无公害食品 渔用药物使用准则》的标准，4 月底至 5 月初，用纤虫净，或甲壳净，或纤虫必克等杀灭纤毛虫等（在蜕壳前 7 天使用），2 天后换水。5～6 月每立方米水体每次使用溴氯海因 0.3 克。7～9 月，内服 EM 微生物制剂，一般在 EM 泼洒后即服，干料添加 1%，鲜料添加 2%～3%，每次连服 3 天。10～11 月，河蟹上市前 20～25 天，可用杀纤毛虫药物（纤虫净、甲壳净等）1 次。在预防病害中，水质是关键，平时更应以预防为主，防治结合，合理使用各类药物。

（7）捕捞与收获

①捕捞：时间为 10～12 月，以地笼张捕为主，灯光诱捕、干塘捕捉为辅。

②暂养：在水质清爽的大塘中设置上有盖网的防逃网箱，捕捉的成蟹必须经过 2 小时以上的网箱暂养，经吐泥滤脏后才能销售。暂养区要用潜水泵抽水循环，以加速水的流动，增加溶氧。

③运输：暂养后的成蟹分规格、分雌雄、分袋包装，保持湿度运输至市场销售。

（8）效益分析 通过实施生态养殖技术，每亩产河蟹可达 50～60 千克以上，平均规格 150 克/只以上，回捕率 70%（其他套养水产品可净增毛利 500～800 元）左右，亩成本在 1 500～1 800 元，亩产值 3 500～4 800 元，综合利润 2 000～3 000 元。

（9）关键点

①河蟹高效生态养殖重在降本增收：一是要以提高完善技术水平来降低成本（提高回捕率、规格）；二是以加大其他名优品种套养来增加收入。

②改革水草种植结构：改水草单一品种为多品种栽植。

③控制青苔生长：春季 2～4 月保持蟹池有一定的肥度，透明度

30～40厘米，减弱青苔生长旺期3～4月必需的光照，同时改革以往清明前一次投螺为两次投放。在青苔萌发初期用药物控制青苔。

④合理投喂饲料：在养殖各阶段，应根据河蟹营养要求和水质状况合理投饲。梅雨季节、高温季节应减少人工投饲量，可控制在正常投饲量的30％左右，防止河蟹暴食。应用颗粒饲料，添加酶制剂，增加外源性酶辅助消化。相应增加投喂点，饲料利用及时，损失浪费小，吸收转化率高，污染相对减少，也有利于水质管理和疾病预防。

⑤搞好蟹池增氧：河蟹以底栖为主，长期生活在水体底部溶氧最低的水域，因而搞好蟹池水体增氧、调理好水质十分重要，必须做好三项工作：一是合理水深。二是前期3～5月经常逐步添注新水，6～9月应增加进水量和换水次数（晴天13：00～16：00，阴雨天半夜或凌晨），形成一定时间内的水体微流，保持水质清新。三是在梅雨季节或高温季节，气压低、光照少、水质差的时段，除常规进水增氧外，根据水质变化及时投施化学增氧剂（一般傍晚时使用）。

⑥注意水质调控：除常规水质管理外，应特别注意梅雨季后，水体的pH变化，及时泼洒生石灰调节。6月后水体中钙或其他河蟹蜕壳必须矿物质含量下降，应在饲料中适量添加。

⑦科学使用微生物制剂：微生物制剂宜在晴天10：00左右开动增氧设施的前提下使用，使用时或使用后1～2小时内，辅用颗粒型增氧剂（过碳酸钠）。高温季节（7～8月）改泼洒法为拌泥抛入池底法，既改善底层水质，又避免对水草的影响。微生物制剂不能与消毒剂、抗生素等同时使用。

⑧优化养殖结构：在坚持河蟹每亩放500～600只（规格120～240只/千克）基础上，适当增加套养名优品种，以提高蟹池综合经济效益。主要养殖模式，一是河蟹＋套养多品种；二是河蟹＋青虾（15千克/亩）；三是河蟹＋花鲴或黄颡鱼（300～500尾/亩）；四是河蟹＋翘嘴红鲌（600～700尾/亩）并重的综合生态养殖。

⑨注重生态养殖管理技术，应适合河蟹不同生长期的特点：河蟹生态养殖管理技术，应从河蟹的生物学特性出发，水位、水质、投饲、防病等方面的管理，都必须把握河蟹四个不同生长期的特点：第一次蜕壳前的强化培育期，应采取浅水、增强光照、提高水温、及早

开食，以投喂小杂鱼或优质颗粒饲料为主，确保第一次蜕壳顺畅，达到较高的成活率的目的。3月下旬至6月最佳生长期，应控制适宜水温、调理好水质，减少水体污染，蟹池中水草、螺蛳是重点，确保水满、勤换，改善水质，抓好防病，饲料以植物性饲料为主，颗粒料的蛋白质含量25%～28%。8月下旬至9月中旬为最后生长期（又称"冲刺期"），8月25日前后，水温正常维持至28℃以下，在调好水质的同时，应以吃好（小杂鱼或蛋白质含量36%～38%的优质颗粒饲料）为重点，为河蟹作最后一次生殖蜕壳积蓄营养，增加最后生长的爆发力。

51. 河蟹池塘"631"高效生态养殖模式技术要点有哪些？

江苏省金坛市探讨了河蟹养殖池塘多品种合理搭配技术，成功地提出了"631"池塘高效生态养殖模式，即以河蟹为主，科学搭配青虾、鳜、翘嘴红鲌、异育银鲫及鳙、鲢等其他水产品种，实现亩产河蟹60千克，青虾30千克，优质鱼类100千克的养殖模式。

(1) 养殖条件

①地点选择：养殖池要求靠近水源，进、排水方便，水源充沛，水质清新无污染，符合国家渔业用水标准，邻近区域无污染源。并要求交通便利，电力供应有保障。

②池塘改造：养殖的池塘是以滩面为主，池水比较浅。池内要有养蟹沟，滩面要有隐蔽物，面积在20～30亩为宜，池深1.5米左右，坡比1:3，池底保持有淤泥5厘米。

③排灌设施：蟹池的排灌设施要求完善，灌得进、排得出，池水若不能排干，对后期的河蟹捕捞和晒塘均会带来不便。进、排水口应用筛绢扎紧，并设弧形防逃网加以防护。

④防逃设施：防逃材料要求表面光滑，使河蟹难以攀爬，且坚固耐用，耐老化，来源广，构筑简单，修补方便，通常使用钙塑板或防逃网做成防逃设施。

(2) 放养前的准备

①清塘消毒：冬季抽干池水，冻晒1个月，清除过多淤泥。池塘

清整工作结束后，注水 10～20 厘米，每亩用生石灰 150～200 千克或茶粕素 2 千克（用浓度 2.5％的食盐水 40 千克，浸泡 2 小时）全池泼洒，翌日耕耙底泥，加水浸泡 2～3 天，再排空池水、冲水、洗池 2 次。

②种植水草：在清塘消毒 7 天后，每亩施生物有机肥 50～100 千克，培肥水质。采用复合型水草种植方式进行水草种植。全池以伊乐藻为主，采取切茎分段栽插。在伊乐藻中间搭配种植轮叶黑藻、苦草等其他沉水性植物，全池水草覆盖率保持在 50％左右。

③设置暂养区：在池中用网围成圆形或长方形河蟹暂养区，网上贴有防逃膜，面积约占池水面的 20％，用于暂养蟹种。

④移殖螺蛳：在清明前后，每亩投放优质活螺蛳 200～250 千克。在 7～8 月，每亩补放螺蛳 150～200 千克。

（3）放养模式 合理安排不同生态位的品种，进行科学混养、套养，是实现蟹池生态高效养殖的有效途径。主要要求及做法是：

①放养自育蟹种：合理放养本地自育蟹种，是实现河蟹质量、产量同步上升的前提和保证。蟹种要求体制好、肢体健全、无病害的本地自育长江水系优质蟹种，规格为 100～200 只/千克，投放量为 600 只/亩。先放入蟹种暂养区强化培育，5 月以后，青虾基本捕捞结束，再全池散放。

②轮养青虾：蟹池在 5 月前较空闲，主要为水草生长，利用此阶段进行轮养青虾，能较好地提高池塘综合效益。具体做法是：在池塘清整消毒后，（即 1～2 月），每亩放规格 1000～2000 尾/千克的虾种 10 千克。

③套养鳜鱼、翘嘴红鲌：为合理利用蟹池底层小杂鱼类，于 5 月底至 6 月初，每亩放 5～7 厘米经强化培育的鳜鱼种 30 尾；翘嘴红鲌是以中上层小杂鱼及膨化颗粒饲料等为食，属杂食性，若苗种规格过小，则易被鳜鱼捕食，于 4 月底至 5 月初，每亩放 10～15 厘米大规格翘嘴红鲌种 20 尾。

④合理搭配鲢、鳙鱼和异育银鲫：2～3 月，每亩放养花鲢、白鲢鱼种各 10 尾，亩放规格为 15～20 尾/千克的异育银鲫鱼种 5～7 千克。在获得部分产量的同时，异育银鲫还可产卵繁殖，为鳜鱼提供充

足、适口的饵料鱼。

（4）饲养管理

①饵料投喂：由于池塘养殖品种较多，生物载重量较大，因此针对不同的养殖品种，进行科学合理的饵料投喂是关键。具体要求做到"统筹兼顾、各有侧重"。

一是在冬季轮养期间，虾种放养在暂养区外。待水温上升到10℃时，全池施用100～150千克/亩的有机肥，培育浮游生物和底栖生物，为青虾提供天然活性饵料。同时，坚持投喂青虾专用颗粒饵料，投饲量以存塘虾体重的5％计算。

二是当蟹种在暂养区内时，为强化培育，每天投喂切碎的新鲜小杂鱼等动物性饵料，每亩投喂量为1千克。在小杂鱼等动物性饵料不足的情况下，适当补充河蟹颗粒饵料。

三是在5月，青虾基本捕捞结束，拆除蟹种暂养区，进行全池散养，由于放养了异育银鲫，为防止异育银鲫与河蟹争食，在投喂河蟹饵料前，先投喂异育银鲫饵料，2小时后再投喂河蟹饵料，以保证河蟹正常摄食，河蟹饵料有植物性饵料，动物性饵料和配合饵料3种，以颗粒饵料为主，按照"前后精、中间青、荤素搭配、青精配合"的投饵原则和"四定、四看"的科学投喂方法进行人工投喂管理。6月中旬，动、植物性饵料比为60：40；6月下旬至8月中旬，动、植物性饵料比为45：55；8月下旬至10月中旬，动、植物性饵料比为65：35。日投喂量3～4月为蟹体的1％左右，5～7月为5％～8％，8～10月为10％以上。并根据天气、水色、晴天多喂，阴雨天少投。在高温季节，实行两改，即投饵地点由浅水区改为深水区，改投喂高蛋白饲料为低蛋白饲料，以保证河蟹安全度夏，在河蟹性成熟时，由于河蟹活动量加大，下午吃食量减少，改下午投喂为上午投喂，以防河蟹体质减弱。

四是翘嘴红鲌摄食水体中上层小型野杂鱼为主，为补充野杂鱼类不足部分，确保翘嘴红鲌正常生长，应补充投喂翘嘴红鲌膨化饲料，起初以驯食为主，采用鱼糜和膨化饲料定点投喂，少量多次，以后逐渐减少鱼糜用量，直到使用膨化饲料。日投饵量以投喂2小时内吃完为宜，与河蟹颗粒饲料同时投喂。

五是因池塘中放养了异育银鲫，再加上其他小型野杂鱼类产卵繁殖，基本能满足鳜的生长需求，如饵料不足，则需补充异育银鲫或花鲢、白鲢夏花，提供给鳜摄食。

②水质、水位调节：在水质调节方面，要使水质达到"鲜、活、嫩、爽"。具体达到溶氧保持在 5 毫克/升以上，透明度 40 厘米以上，pH 7.5 左右，氨氮 0.1 毫克/升以下。应坚持 5～7 天注水 1 次，高温季节每天注水 10～20 厘米，特别是在河蟹每次蜕壳期，要勤注水，以促进河蟹正常蜕壳生长。在全池水质较好的情况下，利用水草、螺蛳等生物的自净功能，实行零排放，注重蟹池增氧机的运用，高温期晴天中午、半夜后至黎明前勤开增氧机，阴雨天全天开机，以保证河蟹及鱼虾正常生长，蟹池不缺氧。

在水位调节方面，按照"前浅、中深、后稳"的原则，分三个阶段进行水位调节。3～5 月水深掌握在 0.5～0.6 米，6～8 月控制在 1.2～1.5 米，9～11 月稳定在 1～1.2 米，河蟹生长水温为 15～30℃，最适生长水温为 25～28℃，水温在 33℃ 以上时便停止摄食，处于半昏迷状态，前期气温和水温较低，采取浅水位有利于养殖水体水温的迅速提高，使河蟹、青虾尽快进入正常摄食状态并蜕壳生长。中期高温季节，加深水位有利于降低水温，让河蟹正常摄食和蜕壳，后期稳定在一个适中的水位，有利于保持正常水温，让河蟹有一个稳定的增重育肥、顺利生长的水体环境。

③日常管理：结合投饵察看河蟹蜕壳生长，以及病害、敌害情况，检查水源水质，清洁养殖环境，查看防逃设施，及时修补裂缝。

④病害防治：遵循"预防为主，防治结合"的原则，坚持生态调节与科学用药相结合，积极采取清塘消毒，种植水草，自育蟹种，科学投饵，调节水质等综合技术措施，预防和控制疾病的发生。注重微生态制剂的应用，采用"上下结合"的方法，每 7～10 天用光合细菌、EM 等微生物制剂全池泼洒，改善水质。用生物底质饲料投喂，提高河蟹的免疫力，由于生物菌耗氧，所以泼洒生物菌时应开启增氧机，防止池塘缺氧，提早做好药物预防，全年着重抓住"防、控、保"三个阶段，4 月底至 5 月初，用药物杀纤毛虫 1 次，相隔 1～2 天后，使用溴氯海因或碘制剂进行水体消毒，并用 1% 中草药制成颗

粒药饵，连续投喂 5～7 天，做好预防工作，防止病害发生，梅雨结束高温来临之前，捕杀纤毛虫，并进行水体消毒和内服药饵，控制高温期病害发生。9 月中旬结合水体消毒和内服药饵，捕杀纤毛虫，同时，加强投喂，增强河蟹体质和抗病能力，确保河蟹顺利渡过最后增重育肥期。

（5）销售运输　10～11 月以网具张捕为主，灯光诱捕，干塘捕捉为辅，将捕捉上来的河蟹放入带盖网的防逃网箱中暂养。网箱设置的位置应选择在水质清新的大塘中，暂养区用潜水泵抽水循环，加速水的流动，增加溶氧，经过 2 小时的网箱暂养，吐泥滤脏后分规格，分雌雄，分袋包装，加贴商标，保温运输至市场销售。

52.　蟹池混养青虾要掌握哪些操作技术？

青虾与河蟹混养，可以充分利用池塘水体和饲料，在基本不增加劳动强度的情况下，获得虾、蟹双丰收，大大提高池塘养殖的整体经济效益。

（1）池塘准备

①池塘选择：实行虾蟹混养的池塘，面积不限，水深 1.0～1.5 米，塘埂坡度 1∶3 左右，不渗不漏，排灌方便，水源充足，水质清新，水体溶解氧丰富，无工业或生活污水污染。

②清塘消毒：要求养殖池塘清除过多的淤泥，冬季经阳光曝晒，放养前半个月至一个月用生石灰 75～100 千克/亩化浆，或每立方米水体用漂白粉 20 克全池泼洒，进行清塘消毒，以杀灭野杂鱼，改善池塘底质。

③防逃设施：池塘四周做好防逃设施，一般用高 0.5 米的铝箔、塑料薄膜或塑板圈围，插入土中 0.2 米。防逃设施内留 1.0 米以上的坡埂，以方便饲养管理，并有充足的地域供河蟹活动。整个养殖过程，进水口用 60～80 目的尼龙绢网袋过滤进水，防止野杂鱼及鱼卵进入池塘中，排水口安装密眼网，以防青虾外逃。

④移殖水草：年初，在离池塘边缘 1 米处的浅水带沿四周种植或移殖伊乐藻、水花生、空心菜和水浮莲等水生植物，草带宽 1.0 米左

右，水草面积控制在其生长旺盛时占池塘总面积的 25%，多余的水草应予人工割除。

（2）苗种放养 放养 1 龄扣蟹 400～600 只/亩，放养青虾虾苗 4 万尾。放养的蟹种、虾苗要求品种纯正，规格整齐，四肢完整，无病害。1 龄蟹种放养要避开严冬低温期，放养豆蟹则尽量要早，以提高成蟹的出池规格。

此外，池塘搭配放养 1 龄花、白鲢 30 尾/亩。搭配放养滤食性鱼类，不仅可以充分利用池塘饵料生物，显著改善水质，减少高温季节蓝藻、绿藻的暴发，还可以减少青虾秋苗的数量，控制放养密度，提高上市规格，达到增产增效的目的。

（3）饲料和投喂 饲养前期以颗粒饲料与动物性饲料，如螺、蚌、蚬、小杂鱼等相结合进行投喂为主，辅以少量水草，既满足虾、蟹的营养需求，又可避免或减少互残现象，降低生产成本；中期高温期间，增加植物性饲料的投喂量；后期加大动物性饲料的投喂量，以保证河蟹的生长及育肥。颗粒饲料粒径为 1.5～2.2 毫米，粗蛋白含量 35%～40%；动物性饲料要轧碎。日投喂 2 次，其中，上午的投喂量占日投喂量的 1/3，下午的投喂量占日投喂量的 2/3。颗粒饲料日投喂量控制在虾蟹体重的 3%～5%，鲜活饵料投喂量则为虾蟹体重的 10%～15%。饲料要均匀地投放至离池塘边 1 米左右的水草带，日投喂量还要根据虾、蟹的存塘量及生长情况、水温、天气等情况灵活掌握，既要避免浪费饲料，败坏水质，又要保证虾、蟹吃食，满足其生长需要，并做到不投喂腐败变质的饲料。为便于检查摄食情况，可在池塘四周设几个饲料台进行观察，一般以 1～2 小时内基本吃完为度。

（4）水质调控 整个饲养过程，池塘水质始终保持适当的肥度，透明度掌握在 25～30 厘米。一般放苗初期水位保持在 0.6～0.8 米，以利升温；中后期（特别是秋末及冬季）加高水位到 1～1.5 米，以利于保温越冬。适时做好注、排水工作，并根据季节、气温灵活调节水位，以保持虾、蟹比较适宜的生长水温。平时每隔半个月至一个月加注 1 次新水，7 月～9 月高温季节增加到每隔 5～7 天换水 1 次。注入新水前先排出下层老水，每次注水量为 0.2～0.3 米。每隔 10～15

天全池泼洒生石灰 1 次，每次 5～10 千克/亩，以增加钙质，改善水质，满足虾、蟹生长需求。

(5) 日常管理 坚持每天早晚巡塘，遇闷热天气增加夜间巡塘，仔细观察青虾、河蟹的活动、摄食、蜕壳、疾病及防逃设施等情况。夏、秋季雷阵雨天气，青虾及搭配放养的花白鲢容易发生浮头，更应特别重视。

(6) 疾病防治 虾、蟹的疾病防治，要从苗种质量、水质调控入手，做到"以防为主，防重于治"。池塘保持良好的水质，定期泼洒生石灰，投喂优质、新鲜的饲料，一般可防止病害的发生。

(7) 捕捞 河蟹在 10 月间即可起捕上市，陆续至春节前后，可采用池塘边徒手捕捉和干塘起捕两种方法。青虾则在元旦至春节期间上市，采用抄网抄捕，最后干塘起捕，小规格青虾，则可根据市场行情持续养殖至翌年再上市。

53. 蟹池套养小龙虾模式有哪些操作要点？

其操作要点为：

(1) 池塘条件和准备 要求水源充足，排灌方便，进、排水分开，养殖场周围 3 千米内无污染源，水质清新；黏土、壤土为好；池塘要有浅水区、深水区，水深达到 1.5 米以上。池埂用石棉瓦、旧铝板或硬塑料板等设置防逃设施。9 月，抽干池水，清除过多的淤泥，让池底曝晒半个月左右，然后加水 20 厘米，每亩用茶籽饼 20 千克浸泡一昼夜后全池泼洒，隔 2 天后每亩再用生石灰 100 千克溶化后趁热全池泼洒。消毒后经过滤加水 60 厘米左右。翌年 2～3 月，池内栽种伊乐藻，每亩用嫩草茎 40 千克，按 10 米一行扦插；留 10 米为空白带，于 4 月上旬播种 5 米宽苦草，每亩用草种 1 千克；空白带每 30 米^2 栽一兜芦苇或蒿草等挺水植物，并移殖约 1.5 米^2 的水花生和浮萍等浮水植物群落，用竹竿固定，防止漂移。清明前后，每亩投放鲜活螺蛳 300～500 千克。

(2) 苗种来源与放养 该养殖模式仅需放养 1 次龙虾亲本，可连续饲养 3～5 年，龙虾在池中自繁、自育和自养。为防止龙虾品种退化，饲养2年后可更换其他水域的雌雄亲虾。

①虾种放养：清塘后，从天然水域、养殖水体收购亲虾，要求颜色暗红或黑红色、有光泽、光滑无附着物；个体大，规格每千克20～40尾；四肢齐全、无损伤，体格健壮、活力强。每亩投放经挑选的亲虾20千克左右，雌、雄比例1.5：1。让其在池塘自产虾苗。亲虾放养后适当投喂精饲料，让其恢复膘体，促进性腺发育，在气温15℃左右，将池水基本排干（低凹处存水），迫使龙虾打洞穴居，期间保持池底低凹处有积水（保持地下水位稳定），池边铺放稻草做为隐蔽物和越冬保暖，让亲虾抱卵或抱仔在洞中过冬。翌年开春，放水激活穴居的亲虾。

②蟹种放养：2月放养蟹种，以长江亲蟹土池苗培育的"扣蟹"为好、规格每千克100～200只，每亩放养量控制在400只以内，蟹种先放在占池塘1/10～1/5的暂养区内，至5月，水草生长茂盛后拆除围拦，让其进入大塘生长。

③其他苗种放养：在放养蟹种的同时，每亩搭配鲢、鳙鱼种30～50尾。6月中旬，每亩放养6～9厘米的鳜鱼种15～20尾。

(3) 日常饲养管理

①投饵：气温回升到12℃时开始投喂幼虾饲料，植物性饵料有豆饼、麸皮和米糠等，动物性饵料有小杂鱼、螺蚬肉、鱼粉、畜禽内脏等。5月以后，选用含蛋白质30%左右的优质蟹饲料，每天傍晚投喂1次，采取定点和撒洒相结合的方法投喂，投喂量按估算在池虾、蟹重的5%～7%，灵活掌握。

②施肥：冬季池塘中每亩施经发酵的人畜粪肥200～300千克，培养天然饵料，供虾摄食和促进水草生长。

③调节水质：每周加换水1次，每次加水20厘米左右，保持水位相对稳定；每月使用1次生物制剂（EM菌、光合细菌等）和底质改良剂。

④补充水草和螺蛳：根据蟹池水草和螺蛳密度，适时补充，保持水草覆盖率达60%左右。

⑤防病：所放苗种用3%～5%的食盐水浸浴5分钟，6～9月每月使用1次生石灰，用量为每亩5～10千克。

⑥坚持巡塘：早晚各巡塘 1 次，检查摄食、活动、生长等情况，防止浮头，并检查进水过滤网，捞取残饵及腐败的水草以及有无野杂鱼。

⑦防敌害：防止水蛇、老鼠、鱼鸟等敌害生物进入养殖池，一旦发现需及时捕杀。

(4) 适时起捕销售 5～9 月，用地笼张捕达到规格的龙虾销售，捕大留小、均衡上市，后期捕捞要注意留足翌年的亲虾种；河蟹捕捞从"重阳"节前后开始，采取地笼张捕和晚间徒手捕捉相结合，捕获的成蟹用清水洗净后暂养。鳜鱼和鲢、鳙鱼采取拉网或干塘捕捞。

54. 河蟹与小龙虾套养存在的问题与解决方法有哪些?

(1) 存在的问题

①清塘不彻底：有些养殖户对清塘不重视，认为面积大，费用高，清不清塘无所谓，有的塘口几年不清，有的养殖户即使清塘了，往往是用药量不足或泼洒不到位，造成清塘效果差，野杂鱼太多，与主养品种争饵料，争溶氧，发病率也高。

②水草、螺蛳不足：有些养殖户的塘口水草稀少，有的水草面积只占水面的 10% 不到，有的养殖户栽种水草时间较迟，由于气温升高，水草还没生根就被龙虾，蟹破坏而无法生长，投放螺蛳数量不足，时间太迟。

③苗种放养数量掌握不住：有的养殖户在养殖塘中间用网围起来培育扣蟹，拆除网围后扣蟹放养量无法估算，有的养殖户滥放，每亩放扣蟹数量高达 3000～5000 只，造成上市规格太小，发病率高，经济效益低等现象。

④滥用药物：少数养殖户对虾、蟹病害诊断不能做到及时、准确，根本就没有对症下药，而是一旦虾、蟹生病后盲目用药，如治不好病还加大用药量，往往造成养殖塘水质变坏，养殖品种产生抗药性。

(2) 对策措施

①彻底清塘：养殖河蟹与龙虾套养的池塘，在放种前一般每亩用

150千克生石灰彻底清塘消毒，杀死野杂鱼和病原体，结合冬季干塘进行冻塘，晒塘，如果是老塘口，还要清淤，修整。

②种草投螺：3月在蟹、虾池内移栽苦草，轮叶黑藻，伊乐藻等水生植物，覆盖面积为池塘水面的60%左右，同时，注重水草的养护，高温季节及时割除伊乐藻上端易腐烂的部分，补充些消过毒的水花生。螺蛳既可净化水质又可作为虾、蟹的优良动物性饵料，每亩投放量450～500千克，可分两次投放，清明节前300千克，7月份200千克，避免一次性投放造成水质清瘦，青苔繁生。

③按要求放养苗种：蟹种以自己培育或从本地购买，能适应环境，生长快，成活率高。放养量不能过高，一般每亩水面放养扣蟹规格为400只左右，放养时间3月底结束。龙虾种放养，可将上年养殖的成虾作为亲虾进行留塘养殖，让其自然繁殖小虾苗，一般每亩水面留亲虾10～15千克左右，或放养自繁的虾种，放养时间4～5月，规格200～300尾/千克，每亩水面放3 000～4 000尾。

④预防疾病：一是放养健康，优质的种苗，放养前进行检测和药物消毒；二是控制合理的放种密度，克服滥放；三是提早投喂精饲料，提高虾、蟹的抗病力；四是及时捕捞上市，减少存塘量；五是定期使用氯制剂对水体进行消毒，同时，定期泼洒生石灰或使用微生物制剂，调控好水质；六是在疾病高发期的前期，适当投喂加有抗生素的药饵，提高龙虾、河蟹体自身的免疫力。

55. 如何在蟹池中套养南美白对虾？

(1) 池塘条件与配套设施　蟹池四周开挖环沟，沟宽5米、深0.5米，面积占池塘总面积20%左右。水源水质经检测各项指标符合NY 5361标准，池塘一端设进水口，另一端为出水口，用直径为160毫米的PVC管安装，管口用40目筛绢（后期用窗纱网）制作网袋笼，防止进水时野杂鱼进入和出水时虾、蟹逃逸。池塘配套微孔管增氧设施，间隔20米架设1条微孔增氧管道。同时，配备抽水机泵、管理小船、捕虾地笼、看管房和物联网及监控设施。

(2) 苗种放养前的准备

①防逃设施：池埂防逃墙用钙塑板围拦，竹、木桩固定，高70厘米，其中埋入土下20厘米；离池埂0.5米左右用密眼网做防逃网，埋入土下30厘米，土上70～90厘米，上网口加缝25厘米高的光滑塑料膜。

②清塘消毒：池塘开挖结束后，注水至满塘泡塘15～30天，用生石灰150千克/亩化水后全池泼洒消毒，杀灭野杂鱼、小龙虾、青蛙等敌害生物，然后将水排干开始晒塘20天左右。加水再用茶籽饼25千克/亩，可起到再次消毒和提高池水肥度的作用，放苗前用少量虾、蟹种试水后即可。

③栽种水草：池塘消毒1周后，经过滤注水至田面水深20厘米左右，环沟外侧用高1米的密眼网将田面围拦起来（作用是不让蟹种进入，在水草生长茂盛后的5月中旬拆去网围）。水草种植要多品种，浅水区以伊乐藻为主，呈点状分布，横、竖间距为1.5米，深水区以苦草和轮叶黑藻或黄丝草为主。

④投放螺蛳：清明前每亩投放活螺蛳250千克，让其自然繁殖，用于净化水质和提供优质天然动物蛋白饵料。

(3) 苗种放养

①蟹种放养：蟹种规格在120～180只/千克，同一池塘蟹种规格必须一致。时间在春节后，选择晴好天气进行。蟹种下塘前，用0.15%的高锰酸钾溶液浸泡15分钟消毒，放养量800只/亩。

②虾苗放养：在蟹种放养的同时，放养规格为2厘米左右的青虾幼虾1.5千克/亩；南美白对虾虾苗在5月放养，规格为3 000尾/千克，放养量为8 000尾/亩。

③鳜放养：5月底至6月初，套放5厘米以上的鳜鱼种15尾/亩。

(4) 饲养管理

①适当肥水：春季要适当施肥，保持水质有一定的肥度，保证青虾有充足的天然饵料，促进水草生长，抑制青苔滋生。南美白对虾下池后，需定期使用氨基酸生物肥，每次每亩施用氨基酸肥水膏1千克，保证池塘水体的生物种群数量。

②合理投饵：水温在8～10℃时，选择晴天，用新鲜小杂鱼煮熟

后拌少量小麦粉制成团块状多点投喂开食，每日 17：00 投喂 1 次，投喂量为蟹种体重的 2％～3％。从 5 月开始，以全价颗粒饲料为主，每天投喂 1～2 次，日投喂量为在池蟹体重的 3％～4％。6 月以后，日投喂量从 3％逐渐增加到 8％。高温季节，为减少残饵污染，投喂蛋白质含量为 32％～38％的颗粒饲料。从 8 月下旬，增加小杂鱼等动物性饲料的投喂量，颗粒饲料的蛋白质含量提高到 40％左右，日投量为 8％～10％。南美白对虾主要吃河蟹的残剩饵料及蟹池中的天然饵料，不需投喂专门的虾饲料。

③水质调控：在水质调控上，主要采取加水、换水，使用生物制剂和适时增氧等措施，让虾、蟹有一个良好的生存、生长环境。水质指标要求达到：pH7.5～8.6，氨氮＜0.1 毫克/升，亚硝酸盐＜0.05 毫克/升，溶解氧＞5 毫克/升。透明度 30～50 厘米，春季 30～35 厘米，高温期为 40～50 厘米。

④水草管护：管护水草要与管水、管底质、管饵等同步进行，通过调水控草、调水护草、投足饵料少伤草，防止残饵坏水烂草。4～6 月水草扩繁速度很快，6～9 月根据水草生长情况，对密集的水草要及时进行疏割，每天要捞除被蟹夹断浮出水面的水草，便于池塘水体流动，保证高温不烂草，同时，保证河蟹和南美白对虾有足够的活动、觅食空间，充分利用天然饲料，降低饵料系数。

⑤病害防控：坚持预防为主、无病先防、有病早治的原则，选用绿色无公害药品，外消与内服结合，杜绝违禁药品的使用。

(5) 养殖产品的捕捞　青虾在 5 月初开始轮捕，南美白对虾在 10 月底前捕捞，捕捞工具为地笼，捕虾时将笼口提出水面，让河蟹爬出，虾留在笼内捕出。河蟹国庆节前后，根据市场行情，也采用地笼捕捉为主，最后干塘将河蟹、青虾、鳜等全部起捕。

56. 网围养蟹有哪些优点？

网围养蟹是利用湖泊大水体优越的生态环境、丰富的饵料资源与小水体集约化养殖方式相结合的一项养蟹新技术，这种养蟹方式始于 80 年代末期，目前根据各地的自然条件和优势，已发展为网围、箔围、低坝高栏、湖汊围拦养蟹等多种形式，构成网围养蟹系列，都有很强的生命力，这种养蟹方式有以下优点：

（1）解决了湖泊养蟹水面大、进出水口多、回捕率低的矛盾。

（2）解决了湖泊航行作业、捕渔业与养殖业的矛盾。

（3）合理利用和保护了湖泊中丰富的自然资源，解决了以往湖泊养蟹中集体放养、个人得益的矛盾，使湖泊网围养蟹的经济效益、社会效益和生态效益紧密结合起来。

（4）网围养蟹上马快，成本低，技术容易掌握，养殖方式灵活。

（5）河蟹上市规格大，品质好。

57. 网围养蟹模式有哪些操作要点？

网围养蟹模式操作要点为：

（1）网围区的选择 湖泊网围养蟹应具备以下条件：一是湖泊开阔，水质良好，水流缓慢通畅。二是水位适宜，常年水位 1～1.5 米，水位落差小。三是湖底平坦，底质为黏土，硬泥，淤泥有机质少。四是水草茂密，天然饵料资源丰富，敌害生物少。五是不影响蓄水、排洪、船只航行，环境安静，交通便利。

（2）网围建造 用网目为 1～1.2 厘米的聚乙烯网片作围网，用毛竹作桩。围绕圈定的养殖区打桩、挂网、每 1～1.5 米 1 个桩，网的底部用石笼和地锚固定，使网脚与底泥紧贴，并沉入底泥内，网的上部高出水面 1～1.5 米，顶部再装 0.5～0.7 米向内倾斜的倒网，以防止蟹从网上爬出。一般网围面积为 30 亩左右为宜，最大不超过 100 亩，通常在养殖区外再建一道网围区，以确保安全。也有以竹箔代替网片形成箔网。竹箔每根竹片插入泥中比较坚实，不易被河蟹咬断，淤泥较厚的湖泊，抗倒伏效果好，但使用年限短，制作费工时。而网围制作方便，但抗倒伏差。

（3）种植水草，保护水草资源 湖泊和网围内水草的多少，不仅直接影响河蟹的数量、规格和品质，而且关系到网围养蟹能否走上可持续发展的关键措施。为保护湖泊的水草资源，一方面务必保护好围网外的水草，做到合理开发利用，另一方面，必须在网围内种植水草。其方法是用网片将网围一分为二，先用一半水面放养蟹种，另一半水面种植水草。目前生产上大多种植伊乐藻，金鱼藻、轮叶黑藻和苦草。水草的栽培方法同池塘养蟹。待水草长成后，将水草的一端用湿泥包裹成团，抛入另一半未放养蟹种的网围内，待其长至 50 厘米左右，撤去分隔网片，使河蟹进入水草区即可。

（4）蟹种放养 长江流域饲养成蟹，必须选购长江水系蟹种，避免"辽蟹""瓯蟹"。避免购买性成熟的蟹种，购买时时注意蟹种质量要求无病无伤，体质健壮，规格整齐，壳较薄，脐较薄，紧贴身体，蟹种购来后，用万分之一的新洁而灭或 30 克/升的食盐水浸泡 10～15 分钟，以防治病害的发生，提高成活率，有条件的最好用当地的蟹苗自己培育蟹种，蟹种以 3 月水温在 10℃左右放养最好，此时气温低，运输成活率高，放养规格为 80～200 只/千克的越冬蟹种。通常每亩水面放养 200～400 只蟹种，网围养蟹一般都采用鱼蟹混养，鱼种放养仍按常规进行，但放养结构上应减少一部分草食性鱼类，增放一部分鲫和鲢、鳙，以缓解鱼蟹的食饵竞争。

（5）加强饲养管理

①增投饵料：围网养蟹仅仅依靠天然饲料不能满足河蟹生长发育需要，因而应注意饲料的补充，对养殖区域内的水草、螺类等进行适当保护，保持生态平衡，避免掠夺式利用。投喂的小鱼虾、螺蚌肉、动物下脚料、谷类和饼类等要新鲜，严禁腐败变质。要根据水温、天气天然饵料的多少及河蟹摄食情况等，灵活掌握投饲量，一般日投喂量为河蟹总重的 3％～5％。应多点投喂，以保证都能吃到饲料。

②移殖水草：水草不仅是河蟹的优质饵料，而且还给河蟹蜕壳提供隐蔽环境，并具有改善水质的作用，因而水草对河蟹养殖必不可少，若养殖区域内水草较少，应注意移殖，水草面积可占水域面积 20％～30％。

③注意水质管理：围网养蟹的水质管理，主要是注意清除污物、腐烂的水草等，并要注意禁止排放污水，禁止在水中沤麻，平时要注意清扫围网，防止网眼堵塞影响水体交换。另外，由于围网养殖在浅水区进行，有时会出现水草过于旺盛，密集，影响水体交换的现象，

此时应注意清除过多的水草，若清除难度较大，可每隔20～30米开设一条宽2米左右的通道，以保证水体交换畅通。

④加强病害防治：夏季高温季节，蟹易得病，每15～20天可在蟹较集中的区域泼洒生石灰15～20克/米³防病，平时注意观察，发现疾病及时采取有效措施进行治疗。

⑤严防逃逸：围网设置一定要牢固，一般应采用双层围网，每隔3～5米用木桩固定牢固，底部用直径15厘米的石笼踩入淤泥，上部要加盖网或塑膜以防河蟹逃出，养殖季节注意检查，看网有无破损，木桩是否牢固，石笼是否移位，发现问题及时解决，特别是暴风雨过后及养殖的后期，要特别当心，多注意检查，严防河蟹逃逸。

(6) 适时捕捞 湖泊网围养蟹，由于环境条件优越，生长比池塘快，性成熟也比池塘早，因此其生殖洄游开始也早，在长江中下游，一般9月中旬全部变成绿蟹，因此，通常在9月下旬开始捕捞，捕捞工具主要有蟹簖、人工蟹穴、地笼网和丝网等，捕出后的成蟹应放入暂养池暂养1～2个月后，再行销售。

58. 如何进行草荡养蟹？

草荡即水浅、水草丛生的小型湖泊，通常面积在100亩以下。由于面积大，不可能设防逃设备，而只能以改善生态环境，采取半精养式的鱼蟹混养。其成本低，收益较高，一般河蟹每亩产2～20千克，草荡养蟹的主要措施是：

(1) 选好养殖水域 要求草荡的水源充沛，水质良好，水位稳定，能排能灌，水生植物和天然饵料资源丰富，水生植物覆盖湖面1/2以上。凡过水草荡、排洪通道、交通航行航道，水位不易控制，防逃饲养困难，一般不宜选用。

(2) 防逃设施 草荡养蟹均为鱼蟹混养类型，通常仅在湖泊进、出水口用竹箔拦截，安装方法同箔围、网围养蟹，在有船只通行的地点需安装箔门，以利船只进出，在草荡四周一般不设防逃设备。

(3) 蟹种放养 草荡养蟹以放养1龄蟹种为主，也可套养Ⅲ期仔蟹，由于草荡的生态条件好，蟹种生长快，因此蟹种的放养规格比池塘小，而且放养量不宜过多，通常放养每千克 200～400 只的 1 龄蟹种，每亩放养 0.8～1.2 千克。套养Ⅲ期仔蟹，每亩 1 套养 0.1 千克。放养密度应根据当地的自然条件、蟹种规格和管理水平而有所增减。放养时，可将蟹种装在船上，边行船边放养，使其均匀分布于草荡内，放养季节同网围养蟹。此外，草荡内务必控制草食性鱼类的放养量，以保护荡内的水草资源，放养时最好先将草鱼种用网围起来，投喂草类和人工饵料，待 7 月以后，水草茂盛时再放入荡内。

(4) 饲养管理 饲养管理与网围养蟹基本相似，此外，应加强草荡内的水位管理，春季草荡水位较浅，应及时灌注一部分新水，使水位保持在 1 米左右，6～8 月汛期和台风季节，要加强巡视，做好防涝、防逃工作，同时，应加强渔政管理，严禁入荡捞水草、放鸭子、严禁捕鱼捉蟹，以保护生产者的权益。

(5) 成蟹捕捞 同网围养蟹。

59. 如何进行芦苇滩地养蟹？

芦苇滩地养蟹可以起到鱼、蟹、芦三丰收的目的，具体方法可采取：

(1) 基础设施建设 结合围湖造田，在芦苇滩四周开挖环沟河，河面宽 8～12 米，水深 1～1.5 米，环沟河外侧形成围堤，内侧即为芦荡，在芦荡对角线处开挖中心河，河面宽 5～8 米，水深 1 米，向出水口倾斜。出水口建一水闸，可作排涝和进水用。在出水口内侧水面设一开阔区，面积为芦荡总面积 1‰～3‰，水深 1.5 米，开阔区平时作为投饵区，排水时作为集鱼、集蟹处。在水闸内设入正反水兜底箔，供进、排水时阻拦鱼蟹和捕捞用。如芦荡内芦苇很密，可在芦滩上沿中心河开挖若干辐射小沟，沟宽 0.5 米、深 0.2 米，以利鱼蟹进出芦滩。

(2) 防逃 由于面积大，无法设置防逃设备，平时芦荡只要保持良好的生态条件，通常河蟹是很少逃逸的。到 9 月生殖洄游开始，河蟹就四处爬动，翻堤越闸，因此在 9 月，根据河蟹生殖蜕壳时间，在堤上开设一条"焦土带"方法是在围堤内侧将周围野草割去，晒干后用火烧掉，形成一条宽 1～2 米的焦土带，利用河蟹忌烟熏焦味的特点，可防止其逃逸，但此法有效期仅半个月左右，因此在河蟹长成绿蟹开始捕捞时，设焦土带的防逃措施需进行 2 次。

(3) 放养 同草荡养蟹。

(4) 饲养管理 可在开阔区水域投放水草，螺蚬、切碎的小杂鱼等饵料，有条件的也可投放一些人工饵料。平时用网箪、丝网、钩钓等捕鱼工具，捕捉凶猛鱼类和野杂鱼类，坚持常年作业。在汛期、台风季节，做好防汛、设张网放水时捕捞外，其捕蟹时间和捕捞方法同草荡养蟹。

60. 河道河蟹人工放流养殖要注意哪些问题？

(1) 河道选择 选择远离城市，附近没有工厂，没有三废排放的河道，要求河面开阔，水流平缓，河水清澈透底，水中水生动物、水草丰富。

(2) 地笼网设置 根据河蟹生长规律，在初期用几道高 60 厘米、宽 80 厘米的地笼扎住两头，防止幼蟹逃跑，中期雨水季节，在河道缺口处拦网防逃，后期在下游设置地笼网，以捕获成蟹。

(3) 蟹种的投放 蟹种选择：进行河道养殖的蟹种，必须选择种苗纯正、肢体完整、体色正常的豆蟹。放养时间：4 月下旬到 5 月上旬。放养密度：投放规格为 600～1 000 只/千克的蟹种，密度为600～800 只/亩。

(4) 日常管理 做好河道日常巡查工作，查看地笼网有无破损，清除网中杂物，特别是在雨水季节，注意防止河蟹在引河缺口处逃逸。

(5) 回捕 根据河蟹生长、生活规律，到了养殖后期，当河蟹达到商品规格时，即开始成群结队顺流而下，此时在河道下游，用多道地笼网即可捕获。

61. 稻田养蟹有哪些优点？

稻田养蟹，是当前农业生产中一项具有综合效益的系统工程，对于稳粮保供，增产增收，引导农民致富，振兴农村经济有着重要作用。其优点是：

（1）有利于水稻生长，水稻不减产，又提高品质、增效 河蟹摄食稻田中的杂草、绿萍、底栖生物，并大量消灭稻叶蝉、螟虫等害虫，其排泄物可肥田，据测定，连续几年养蟹的稻田，耕作层的土壤有机质提高了1倍左右。这就促进了水稻生长，提高了水稻产量，在种植上采用大垄双行技术，水稻栽插"一行不少，一穴不缺"，利用水稻的边际效应，水稻增产5%～17%，而且是"有机稻"，每千克售价增加0.2元，成本下降10%以上。

（2）稻田为河蟹提供良好的栖息环境，促进河蟹生长 稻田水浅、遮光，有利于河蟹隐蔽和蜕壳，浅水饵料生物多，有利于河蟹生长。在后期采用强化营养措施：在第4次蜕壳后，增投动物性饵料，使稻田中河蟹规格明显增大，雌蟹100克以上，雄蟹150克以上，而且品质改善，稻田成蟹产量25～30千克。

（3）稻蟹共生，经济效益明显提高 每亩稻田可收稻谷400千克左右，收获成蟹25千克以上，可提高纯效益1000～1500元。

（4）综合效益极为显著 稻田养蟹将种植与养蟹密切结合起来，不仅提高了土地和水资源的利用率，而且稳定了农民种粮积极性，降低了生产成本，减少了化肥、农药的使用，提高了河蟹和水稻的品质，不仅社会效益、经济效益明显提高，而且生态效益显著。

（5）一水二用，一地双收，符合国家粮食安全和可持续发展战略 该项技术，对于确保我国基本粮田的稳定，确保粮食安全战略有重要意义。不仅节约了土地、水资源，而且稻蟹共生，稻田病虫害、杂草明显减少，水稻有利于河蟹隐蔽，蜕壳和生长，确保稻田湿地环境和谐友好，成为名副其实的资源节约型、环境友好型、食品安全型的产业。

62. 稻田养蟹需要建设哪些基础设施？

（1）养殖稻田的基本条件

①水源、水质、水量：养殖水生动物首要条件是优质的水源，选

择稻田养殖场地要求生态环境良好，水质清新无污染，周围无工业"三废"及城镇生活、医疗废弃物等污染源，经检测各项指标符合《无公害食品　淡水养殖产地环境条件》（NY 5361—2010）标准。取水方便，水量要满足养殖需求，达到旱久不涸、雨水不漫。

②地势、土质、面积：养殖稻田要求地势平坦，用水通过动力提水，排水可在低位自动流出，崎岖不平的丘陵和山区，需处理因地势高差的渗漏问题。土质要肥沃，黏性土壤为最佳，矿质土壤、盐碱土和沙土容易渗水、漏水。面积原则上不限，每块面积 5～10 亩，最好集中连片，便于水产品销售、品牌创建和形成产业化。

③电力、交通、通信：要求达到供电、交通、通信方便，关系到养殖投入品和产品的运进、运出的畅通、便利，关系到人员和信息的来往和交流。尤其规模化稻田养殖区域，显得格外重要。还可将稻田养殖与乡村风景休闲、旅游、农家乐等结合起来，进行综合开发利用。

(2) 养殖稻田的基础设施

①开挖鱼沟：鱼沟是稻田中增加有效水体和养殖动物活动空间的重要设施，一般距田埂四周 2～3 米处挖成上口宽 5～6 米、底宽 3～4 米、深 1～1.2 米的环沟，小的田块另开挖十字形、大的田块可开成目字形或井字形的田间沟，一般每隔 20 米开 1 条横沟，每 25 米开 1 条竖沟，沟宽 2～3 米、深 0.8 米，达到沟沟相通、沟窝相连。

②开挖鱼窝：鱼窝是解决养殖动物在稻田中栖息生长和解决水稻施肥、用药、烤田与养殖矛盾的一项重要设施，同时，也有助于养殖对象的饲养管理、捕捞收获。鱼窝开在鱼沟的交叉处或田边、田头，也可开在田外。鱼窝的位置、数量、形状、大小和深浅，根据稻田的地形、田块面积大小、饲养种类和放养数量而定。鱼窝的深度一般为 1.2～1.5 米。鱼窝太浅，夏季高温时，水温过高不利于养殖动物生长；鱼窝太深，不利于养殖动物到大田中活动觅食。

③加高、加固田埂：开挖鱼沟、鱼窝的土用于加高、加固田埂，目的是提高和保持稻田水位，有利于提高稻田养殖产量，并防止大雨、洪水冲塌，便于在上面建防逃设施，防止敌害生物和避免养殖对象逃逸。养殖稻田田埂的高度，可根据稻田原有的地势、饲养目的、

养殖种类而定。通常加高到0.6～1米，埂顶宽0.5米左右，加固时每层土都要夯实，做到不裂、不漏、不垮，在满水时不能崩塌，确保田埂的保水性能。

④开挖注、排水口：在稻田两端斜对角，开挖注、排水口，以利进、排水流通畅。进、排水管由阀门控制，阀门边缘严密无漏洞。进、排水口设置不锈钢或铁质防逃网，避免进排水时养殖水产品逃走。

（3）稻田养殖附属设施配套

①安装拦栅：在注、排水口安装拦栅，以防野杂鱼等敌害进入稻田和养殖对象逃逸。拦栅可用不锈钢、塑料网布、竹篾等编成。拦栅安装高度要求高出田埂0.5～0.8米，下部要深埋泥中，做到坚固牢实，没有漏洞。

②建平水缺：其作用是使田间保持一定的水层，特别是暴雨季节，能使多余的积水溢出，确保田埂安全，防止养殖对象逃逸。平水缺可与排水器结合起来做，一般建在傍依排水沟的田埂上。平水缺内、外侧都安装拦鱼栅。

③防逃设施：养殖河蟹、小龙虾、鳖、蛙等水生动物的稻田，必须在田埂上搭建防逃设施。防逃设施一般用塑料薄板做材料，在田埂上方距离田埂斜面1米的外沿稻田四周挖约0.2米深的沟，将塑料薄板埋入沟中，保证塑料薄板露出田埂面0.5米左右，塑料薄板每隔1米用竹、木棍或塑料细管支撑固定，防逃塑料薄板在四角做弧形，防止养殖动物沿夹角爬出逃逸。

④防鸟装置：喜鹊、白鹭等鸟类不仅喜欢摄食稻田养殖的水生动物，而且还会传播疫病。因此，在稻田养殖基础设施建设时，要考虑安装防鸟装置。一般在稻田四周田硬上用2.5米高的水泥桩柱，埋入土中0.5米左右，并拉上粗铁丝，稻田上空拉细塑料线，间隔0.5米左右1条，这样既能防鸟又不伤害鸟，有利于保护野生动物。有条件的在稻田上空覆盖防鸟网，将鸟类拒之网外。

⑤其他配套：稻田养殖还必须配备抽水机、泵，必要的增氧设施，准备养殖用小船、网箱、工具等，建造看管用房等生产生活配套设施。

63. 稻田养蟹的关键技术措施有哪些?

除了做好稻田养蟹的基本设施工程外，还应抓住以下几个技术关键:

(1) 清田消毒 田块整修结束后，每亩用生石灰 30～35 千克，加水搅拌后，立即均匀全田泼洒，以杀灭敌害生物和病原体。如为盐碱地田块，则应改用漂白粉消毒，每亩用漂白粉 3～5 千克，加水稀释搅拌后，立即均匀全田泼洒。

(2) 施基肥 在稻田移栽秧苗前 10～15 天，进水泡田，进水前每亩放 130～150 千克腐熟的农家肥和 10 千克过磷酸钙作基肥，进水后整田耙地，将基肥翻压在田泥中，最好分布在离地表面 5～8 厘米左右。

(3) 秧苗栽插 宜选用耐肥力强、茎杆坚硬、不宜倒伏、病虫害少、产量高且稻谷成熟期与河蟹的收获期一致的水稻品种。秧苗先在秧畦中育成大苗后再移栽到大田中，移栽前的 2～3 天，要对秧苗普施 1 次高效农药。采用浅水移栽、宽行密株的栽插方法。常规插秧 30 厘米一垄，两垄 60 厘米，大垄双行，两垄分别间隔 20 厘米和 40 厘米，两垄间隔也是 60 厘米，为弥补边沟占地减少的垄数和穴数，在距边沟 1.2 米内，40 厘米中间加一行，20 厘米寸垄边行插双穴，一般每亩插约 2 万穴，每穴 3～5 株。并注意适当增加田埂内侧、蟹沟两旁的栽插密度，发挥边际优势。

(4) 暂养池移栽水草 暂养池提前注水，在插秧之前 1～2 个月先移栽水草，通常以栽种伊乐藻为佳。以利于蟹种的栖息、隐蔽、生长和蜕壳。暂养池早栽草，是提高蟹种成活率的关键措施。

(5) 蟹种放养 通常放养规格为 150 只/千克的蟹种 500～600 只/亩，蟹种先在稻田暂养池内暂养（暂养池蟹种密度不超过 3 000 只/亩），强化饲养管理，待秧苗栽插成活后再加深田水，让蟹进入稻田生长。

(6) 水稻栽培管理

①水浆管理:养蟹稻田，田面需经常保持 3～5 厘米深的水，不

任意改变水位或脱水烤田，如确需烤田时，只能将水位下降至田面无水，也可采用分次进行轻烤田，以防止水体过小而影响河蟹生长。

②病害防治：养蟹稻田，水稻病害较少，一般不需用药，如确需施用，对症下药，用药方法要采用喷施，尽量减少农药散落地表水面。施药前，应降低水位，使蟹进入蟹沟和蟹溜内，施药后应换水，以降低田间水体农药的浓度，分批隔日喷施，以减少农药对河蟹的危害。

（7）饲养管理　稻田养蟹的投喂方法可参照池塘养蟹，但在7～9月，投喂动物性饵料（小杂鱼、螺蚬、河蚌肉等）要比池塘养蟹多，并在稻田中放养小浮萍，适当投放一些南瓜，小麦、黄豆等植物性饵料。

稻田在高温季节，要坚持勤换水，一般每2～3天换1次水，每次换水20厘米左右。

日常管理采用"六查、六勤"，即查河蟹活动是否正常，勤巡塘；查河蟹是否缺氧，勤做清洁卫生工作，改善水质，查蟹池内是否有敌害生物，勤清除敌害，查池内是否有软壳蟹，勤保护软壳蟹，查河蟹是否患病，勤防治蟹病，查成蟹池的防逃设施，勤维修保养。

（8）捕捞　稻田养蟹应在水稻收割前捕出，可采取放水时用蟹笼捕捉，也可在夜间放干沟内田水，用灯光在沟、溜中诱捕。捕捉后立即注水，如此反复捕捉2～3个夜晚，即可捕净，捕出的河蟹，应在暂养池暂养1～2个月，然后销售。

六、河蟹养殖生态环境的营造

64. 成蟹健康养殖对环境条件有什么要求?

河蟹白天隐居或穴居,夜间出来四处觅食,喜水质清澈,溶氧充足,水草丰盛的水体,怕缺氧,对不良水质回避性十分明显,喜弱光,怕强光,喜安静,怕惊动。当水温达10℃度以上时开始摄食,15℃左右蜕壳生长,20~28℃为生长盛期。水温过高,对河蟹摄食、生长、蜕壳均有抑制作用,成蟹养殖池塘应力求符合上述河蟹的生活习性要求,让河蟹生活在与自然条件相似的环境里,成蟹养殖池塘要求如下条件:

(1) **位置** 交通方便,环境安静,背风向阳。

(2) **水源水质** 水源充沛,水质良好,排灌方便。

(3) **面积** 面积一般以10~50亩为宜,面积过小,水质不易稳定,过大管理不便。

(4) **深度** 池深1.5米,水深1~1.2米。

(5) **池坡** 池塘坡度1:3,可大大减少河蟹穴居的数量。

(6) **池形** 池塘东西长、南北狭的长方形,长宽比为5:3。

(7) **土质** 池埂较宽,土质紧密,以壤土为好。池塘不漏水,池底淤泥不超过5厘米。

65. 成蟹养殖防逃设施有哪些材料? 怎样设置?

成蟹养殖池的防逃设施有以下几种:

(1) **水泥砖墙** 池塘四周,离水边1米用砖砌墙,墙基宽25厘米,深12厘米,墙高1米,墙顶做成向内的出檐15厘米。墙四角砌成圆弧形,内墙用水泥粉面,外侧用水泥沟缝,此法具坚固耐用、防逃效果好，使用年限长等优点。

（2）玻璃钢、钙塑板围拦　在池埂上用高1米的玻璃钢、钙塑板埋入土中20厘米压实，用打了螺眼的钢条或木柱作桩，将板打孔固定在桩上，此法具质轻，运输安装方便，造价低，防逃效果好等优点。一般使用年限为3～4年。

（3）聚乙烯网片围拦　用3×3聚乙烯网片，网高1米，埋入土中20厘米，出土部分50厘米，另30厘米形成向内的出檐。用1米长树桩固定网片。如不做出檐，可在网片下端缝上宽50厘米的塑料薄膜。此法造价低，装置方便，易修补更换。

（4）双层聚乙烯薄膜围拦　在蟹池外围开沟，将薄膜下端埋入土中，出土部分用竹片固定，上端向内倾斜60°的角，此法造价低，不抗大风，需及时维修更换。

66. 蟹池使用微孔管底层增氧有哪些优点？

微孔水下式曝气增氧技术，有效地解决了高密度、工厂化、集约化水产养殖的增氧难题，尤其在河蟹健康养殖中发挥了重要作用，逐渐受到养殖户的欢迎与青睐。

（1）水体溶氧在河蟹养殖中的重要性　养殖水体环境中溶氧量高低，是水质好坏的一个重要指标。在高溶氧的水体中，河蟹及其套养的其他品种摄食旺盛，成活率高，饵料系数低，发病少，生长快；低溶氧致使养殖对象食欲下降，生长缓慢，抵抗力差，饲料报酬高。溶氧除供养殖对象呼吸外，还通过对池塘中有机物的氧化分解，促进池水中的物质循环。有毒的生物代谢产物——氨，很快被浮游植物作为营养盐吸收掉，有毒的亚硝酸盐很快被转化成无毒的硝酸盐，不会积累到致毒的程度。相反，在低溶氧或缺氧的情况下，水中的物质循环过程受到破坏，氨的转化陷入停顿，这样一来，氨这种有毒物就在池水中积累起来，形成有毒的氨氮、亚硝酸盐。甚至，还有可能产生对养殖对象危害更大的硫化氢。

（2）微孔曝气底层增氧的主要优点

①增氧效率高：由于从微孔管内产生的气泡小、密，上浮流速

低，与水接触时间长，因而氧的传导效率极高。

②促进池塘生态良性循环：微孔管道增氧是从池底增氧，因而有效地防止了池底厌氧层的产生，水底微生物的分解物迅速得以转化。

③节能：微孔管道增氧设施每亩配置的动力仅为传统增氧机的1/3，因而节能效果显著。

④减少病害：由于养殖水体环境改善，因而由水质不良引起的疾病大大减少。

⑤安全：微孔管道增氧主机在岸上工作，因而不易漏电；不会对人和鱼、虾、蟹产生潜在的危害，同时也不会给水体带来噪音，对鱼、虾、蟹产生惊扰。

67. 怎样在蟹池中安装微孔管底层增氧设施？

(1) 微孔曝气增氧设备的设计方案　采用 $\phi 8 \sim 28$ 毫米微孔曝气增氧装置，能广泛满足各种养殖条件下的增氧和水质改善的需要。在风机的配套选型上，采用低压、大风量风机，转速定在 1400 转/分，风机和电机采用皮带传动，便于使用和维护，总管采用 PVC 塑料管，支管采用 PVC 塑料或橡胶管，价格低廉，管间接头采用铜接头，防腐防锈，密封性好。

(2) 微孔曝气增氧的设备　微孔管道增氧系统包括主机、主管道等部分组成。

①主机：选择罗茨鼓风机，因为它具有寿命长、送风压力高、送风稳定性和运行可靠性强的特点。罗茨鼓风机国产有 7.5 千瓦、5.5 千瓦、3.7 千瓦、2.2 千瓦等型号。

②主管道：有两种选择，一是镀锌管，二是 PVC 管。由于罗茨鼓风机输出的是高压气流，所以压力很高，多数养殖户采用镀锌管与PVC 管交替使用，这样既保证了安全又降低了成本。

③充气管道：主要有三种，分别是 PVC 管、铝塑管和微孔管（又称纳米管），其中，以 PVC 管和纳米管为主。

(3) 微孔曝气增氧设备的配置　见表6-1。

表 6-1 微孔曝气增氧设备配置

适宜水深（米）	服务水面面积（米²）	配置风机		曝气管路长度（米）	气泵出口直径（毫米）
		功率（千瓦）	气体流量（米³/小时）		
1～3	13 300	1.5	80	800	50
	20 000	3.0	150	1 200	63
	33 000	5.5	240	2 000	80
	66 000	7.5	380	4 000	120

68. 蟹池安装微孔增氧设施时要注意哪些问题？

蟹池在安装微孔增氧设施时，要注意以下几点：

（1）增氧动力主机位置尽量远离塘口，河蟹养殖脱壳生长要求环境相对安静，管道增氧机虽然噪音影响不大，但仍应尽量设置在远离塘口的位置，为河蟹养殖脱壳提供安静的环境。鼓风机的主机在设置时应注意通风、散热、遮阳和防淋。

（2）橡塑集成微孔管道应尽量保持同一水平面，以利各增氧点的有气供给；如确实无法做到，考虑蟹池深浅不一，增氧机可适当提高功率，达到 3.5 千瓦以上。

（3）微孔增氧机安装结束后，应经常开机使用，防止微孔堵塞。每年冬季捕捞结束后，应及时清洗。

（4）管道微孔增氧机负荷面积大，是叶轮式增氧机的 2～4 倍，用电相对较少，养殖户应多开机，避免闲置。

（5）管道增氧机使用时发出的尖叫声比较大，出气管发热烫手，说明管道上微孔数量不够，应增加管道长度，增加曝气总量。

（6）蟹池浅层水域溶氧充足，高温期间河蟹喜好呆在深层水域，因此，曝气管重点布在深的水域，以更好地适合高温期河蟹栖息对溶氧和水温的要求。

69. 微孔管增氧设施在安装使用过程中应注意的问题？

微孔管增氧设施，在安装和使用中要注意以下几个具体问题：

(1) 安装出现的常见问题

①主机发热：由于水压及 PVC 管内注满水，两者压力叠加，主机负荷加重，引起主机及输出头部发热，后果是主机烧坏或者主机引出的塑料管发热软化。解决办法：一是提高功率配置；二是主机引出部分采用镀锌管连接，长 5～6 米，以减少热量的传导。

②功率配置不科学：养殖户没有将微孔管与 PVC 管的功率进行区分，笼统地将配置设定在 0.25 千瓦/亩，结果不得不中途将气体放掉一部分，浪费严重。一般微孔管的功率配置为 0.25～0.3 千瓦/亩，PVC 管的功率配置为 0.15～0.2 千瓦/亩。

③铺设不规范：主要有充气管随意排列，间隔大小不一，有 8 米及以上的，也有 4 米左右的；增氧管底部固定随意，生产中出现管子脱离固定桩，浮在水面，降低了使用效率；主管道安装在池塘中间，一旦管子出现问题，更换困难；主管道裸露在阳光下，老化严重等。通过对检测数据的分析，管线处溶氧与两管的中间部位溶氧没有显著的差异，故不论微孔管还是 PVC 管，合理的间隔为 5～6 米。

④PVC 管的出气孔孔径太大，影响增氧效果：一般气孔以 0.6 毫米大小为宜。

(2) 微孔增氧管的维护 一是微孔管不能露在水面，不能靠近底泥；否则应及时调整；二是如发现微孔管破裂，应及时修复；三是池塘使用微孔增氧管一般不会堵塞，如因藻类附着过多而堵塞，晒 1 天轻打抖落附着物，或采用 20% 的洗衣粉浸泡 1 个小时后清洗干净，晾干再用。

(3) 微孔曝气增氧设备的日常管理

①经常巡塘检查：如发现增氧设施运转有故障或有损坏，应立即修理。

②检测水质：可用溶氧仪定时测定溶氧状况，充氧效果，并做好记录，以便采取相应措施。

③根据溶氧变化规律，确定开机增氧的时间和时段：如水体上层溶氧在日出之前出现极小值，应在日出之前 1～2 小时开机增氧 2～3 小时。如在其他时间发现浮头，蟹、虾爬边上草，应及时增氧，溶氧在日落之前出现极大值，晴天每天下午就可停止增氧。

70. 成蟹养殖如何进行池塘清整消毒?

养蟹池塘经过一年或多年的养殖生产,由于死亡的生物体、蟹的粪便、残剩饲料等不断积累,加上池埂下塌的泥沙混和,使池底形成了一定厚度的淤泥。蟹池中的淤泥过多,有机质在细菌的作用下,氧化分解,消耗大量的氧,往往使池塘中本来就不多的氧消耗殆尽,造成缺氧,导致水质恶化,尤其是在河蟹生长高峰的夏秋季节,极容易造成蟹缺氧现象。特别严重的是,有机物分解还伴有氨、硫化氢、甲烷、有机酸等有毒气体,会引起河蟹中毒,同时,使池水的 pH 降低,酸性增强,不利于河蟹的生长,蟹的抗病能力下降,一旦致病菌、寄生虫侵袭,就会导致蟹病暴发。因此,在蟹种放养前一定要做好池塘清整消毒工作。

(1) **清淤晒池** 在一个养殖周期结束后,要用机械或人工清除池底过多的淤泥,并同时修复好埂堤,严防开裂渗漏,清除池中杂物,干塘后将池底曝晒半个月左右,以促进池底有机物的分解,创造一个良好的池塘养殖环境。

(2) **药物消毒** 药物消毒工作是保证河蟹养殖成功不可缺少的重要环节,消毒是否彻底,直接关系到河蟹养殖的成败。在蟹苗种放养前必须做好药物消毒工作。常用的消毒药物有生石灰、茶籽饼、漂白粉等。

(3) **消毒药物与方法**

①生石灰及其消毒方法:生石灰化学名称氧化钙,遇水后生成氢氧化钙放出大量热量,短时间内水的 pH 可急剧上升到 11 以上,能迅速杀死虫卵、野杂鱼、青苔、病原体等。其优点:能杀死野杂鱼、虫卵、蚂蟥、致病菌、青苔和水生植物等;使水呈弱碱性,有利于浮游生物的繁殖;能改善水质,释放淤泥中的氮、磷、钾肥、水质易于变肥;生石灰也是一种钙肥,钙是河蟹养殖不可缺少的营养元素。

消毒方法有干法和带水消毒两种。通常采取干法消毒,先将池水基本排干,留有 10～15 厘米的水,在池底周围挖一些小坑,将生石灰倒入坑内加水化成浆液,趁热全池均匀泼洒。每亩生石灰用量80～100千克,淤泥较多用量可适当增加,消毒后第二天最好用耙子推拉一下,将表层石灰与底泥混和。

带水消毒多在水源比较紧张或进排水不便,用池时间较紧的情况下采用。水深1米,每亩用生石灰150千克左右,用小船把生石灰加水化成浆液全池均匀泼洒。生石灰消毒药性消退时间一般为8～10天。

②茶籽饼及其消毒方法:茶籽饼又称茶麸、茶饼,是油茶果核榨油后的副产品,因含有一种溶血性的皂角甙素,对水生生物有毒杀作用,同时还含有丰富的蛋白质和少量的脂肪以及多种氨基酸等营养物质。用茶籽饼清塘消毒,具有药物成本低、无残留药害等优点,不但能杀死埋藏在淤泥中的各种野杂鱼类,而且还能杀死蛙卵、蝌蚪、蚂蟥以及螺、蚬、蚌等,又能对水生植物具有保护作用。

消毒方法是选用块状或粉碎的新鲜、不霉变的茶籽饼,将其浸泡1昼夜后连渣带汁全池泼洒,每亩用量50千克左右。茶籽饼消毒药性消退时间一般为10～15天。

③漂白粉及其消毒方法:漂白粉消毒能杀死野杂鱼、病菌、寄生虫等敌害。漂白粉的有效氯含量应为30%。漂白粉消毒效果受到水中有机物的影响,水质肥、有机质多消毒效果要差一些,所以,漂白粉消毒的使用量可结合池塘水质情况适当增减用量。

干法消毒每亩用漂白粉5千克,带水消毒(水深1米)每亩用量15千克。将漂白粉放入木桶内(不可用金属容器,以免氧化),加水溶解稀释后均匀全池泼洒。干法消毒2天后可进水,5～7天可放蟹苗。

用漂白粉消毒的注意事项:漂白粉容易受潮,在空气中、阳光下都易挥发、分解失效,因此漂白粉需包装严密,贮藏在干燥阴凉的地方。漂白粉使用时需测定有效氯含量,正确使用用量。因漂白粉有腐蚀性,所以泼洒时应戴口罩,人要站在上风操作,防止沾在衣服上。

④生石灰、茶籽饼混合消毒方法:水深1米,用生石灰100千克,茶籽饼40千克。干法消毒每亩用生石灰50～75千克,茶籽饼25千克,使用时为分别操作,方法同上。7天后可放蟹苗,效果较单

用一种药物为好。

上述各种方法清塘消毒，在放养蟹苗前均需试水，以防药性未过，造成损失。

71. 水产健康养殖为什么要强调使用生石灰？

生石灰在水产健康养殖中的应用，具有安全、环保、副作用小等诸多优点，但由于在使用时相对于"便捷"药物比较费力费工，近几年，一些养殖户因怕"麻烦"，把公认的、最为理想的生石灰这味良药给"遗忘"了。在此，提醒广大水产养殖户要重视使用生石灰。

(1) 生石灰的主要作用

①清塘作用：生石灰是水产养殖传统的清塘药物。用生石灰清塘，既能杀灭池塘中的寄生虫和病原菌，还能杀死野杂鱼、螺蛳、河蚌、水生昆虫和蝌蚪等敌害生物，对水中微囊藻、蓝绿藻、青泥苔和一些水生植物也有较强的杀灭作用，且能改良土壤和水质。

②调水作用：养殖水生动物均喜生活在中性和弱碱性水质中。养殖池塘如因淤泥较多，大量投饲、施用有机肥和水源硬度低等因素，极易造成池水富营养化，水质呈现酸性，用生石灰化水全池遍洒，能够调节酸性水质，改善水体养殖环境。

③施肥作用：水中缺钙，用生石灰作钙肥是比较理想的。尤其是养殖虾、蟹等甲壳类动物为主的池塘，定期泼洒生石灰水，可增加水体中的钙质含量，有利甲壳类动物的几丁质形成。

④防病作用：生石灰具有显著的杀菌消毒效果。在鱼虾蟹等养殖动物疫病发生季节前，定期泼洒生石灰，能很好地预防疾病的发生；当鱼类发生细菌性疾病时，泼洒生石灰能起到抑制、缓解病情和起到防病治病的功效。

⑤其他作用：池塘进、排水管道埋入时，堵塞管道周围缝隙用生石灰作填料，效果比较理想。用生石灰与泥土混合后填入洞口，即可形成石灰质的泥块浆而牢固。夏季下雨天气，饲料极易受潮。在饲料仓库中，先在底部铺一层生石灰，上部覆盖一层蛇皮布（以透气），然后堆放饲料，可起到较好的防潮效果。

（2）生石灰的使用方法

①清塘消毒：干法清塘，一般用量为60～75千克/亩，先将池水排至5～10厘米深，然后在池底四周挖几个小坑，将生石灰倒入坑内，加水溶化，趁热将石灰水向池中均匀泼洒，可迅速清除野杂鱼虾、大型水生生物和细菌等，最好第2天再用长柄泥耙在塘底推耙一遍，使石灰浆与塘泥充分混合，以提高清塘的效果。湿法清塘，一般水深1米用量为150～250千克/亩，具体用量视池底淤泥多少、土质酸碱度而定。

②病害防治：在鱼类细菌性烂鳃病、败血症或嗜酸性卵甲藻病流行季节，每月用生石灰15～25千克/亩泼洒1～2次。虾类养殖池用生石灰10～15千克/亩，可使池水pH提高到8.2～8.9，能促进养殖虾类同步蜕壳，避免互相残食；并能增加池水的溶氧量，降低水体中有害细菌的数量。蟹池在5～9月用生石灰5～10千克/亩全池遍洒1～2次，可防治河蟹烂鳃病、蜕壳不遂症、着毛症和青苔着生等病害，可促进幼蟹蜕壳和生长。

③杀死藻类：养殖池水中微囊藻、蓝绿藻过多时，每亩水面用生石灰5～15千克全池遍洒；或将生石灰磨成粉均匀撒于青苔（水绵、双星藻、转板藻等）上，可使青苔连根烂掉。

④调控水质：养殖池塘每月每亩水面用生石灰5～10千克全池遍洒1～2次，可调节池水pH，中和池内酸度，提高水体植物对磷的利用率，促进池底厌氧菌群对有机质的矿化和腐殖质分解，使水中悬浮的颗粒沉淀，透明度增加，水质变肥，有利于浮游生物繁殖，保持水体良好的生态环境，同时可改良底质，提高池底的通透性。

（3）生石灰使用注意事项

①使用方法：生石灰化浆后必须趁热泼洒，忌将残渣倒入池中，以免鱼类误食，更不可将整块石灰扔到池中进行水体消毒。由于生石灰易受潮，存放时间不宜过长，否则会吸收空气中的水分和二氧化碳变成粉末状碳酸钙，起不到杀菌消毒的作用。水产养殖所用的生石灰最好是现买现用，且选择块状较轻、不含杂质的为好。

②使用时间：全池泼洒以晴天15：00之后为宜，避开上午水温不稳定、中午水温过高时段，水温升高会使药性增加。夏季水温在

30℃以上时，对于水深不足 1 米的养殖池塘，全池泼洒生石灰要慎重，若遇天气突变，很容易造成泛塘。使用生石灰还要避开闷热、雷阵雨天气，否则会造成缺氧泛池现象的发生。

③使用条件：一般精养池，养殖动物摄食生长旺盛，经常泼洒生石灰效果较好。新开挖池塘因池底无淤泥或淤泥较少，缓冲能力弱，有机物不足，不宜施用生石灰，否则会使有限的有机物加剧分解，肥力进一步下降，更难培肥水质。水体 pH 较低的池塘，要泼洒生石灰加以调节；水体 pH 较高、钙离子过量的池塘，则不宜施用生石灰，否则会使水中有效磷浓度降低，造成水体缺磷，影响浮游植物的正常生长。

④配伍禁忌：生石灰是碱性药物，不能与漂白粉、强氯精等卤素类药物混用。因为漂白粉等为酸性物质，生石灰化浆后为碱性物质，若混用则酸碱中和，直接降低消毒功效。生石灰不能与敌百虫同时使用，敌百虫遇碱水解生成敌敌畏，会使毒性增加。生石灰不能和硫酸铜等同时使用，水体中氢氧根与铜离子反应生成不溶于水的氢氧化铜，同时使用会大大降低硫酸铜的功效。生石灰不能与化肥或铵态氮肥同时使用，容易引起鱼类的氨中毒；生石灰若与磷肥同时使用，降低磷肥肥效。盐碱地区的碱性高的池塘，不宜用生石灰清塘和消毒。

72. 蟹池中为什么必须种植水生植物?

渔谚有"蟹大小，看水草"，"养好一塘蟹，先要种好一塘草"。蟹池中水草种植的好坏，是养蟹成败的关键，这已是成蟹养殖中不争的事实。在养殖成蟹水域中种植水生植物，其主要作用：

(1) 作为成蟹的天然饵料，以弥补人工饵料的不足 人工饵料中往往缺乏维生素等活性物质，而天然饵料中就包含大量活性物质。河蟹摄食水生植物后，不仅利用了天然饵料，而且可以充分发挥人工饵料的生产潜力。此外，水生植物大量生长，还能招引一批昆虫、小鱼、小虾前来栖息，又为河蟹提供了优质的天然动物性饵料。

(2) 净化水质，增加溶氧 河蟹在肥水中生长慢，且易患病。池塘中种植大量水生植物，可吸收水中大量营养盐类，使水转清。同时，也可通过水生植物的光合作用产生大量氧气，这就加速了水中有机物的氧化分解，有利于净化水质，保持水质清新，促进河蟹在清水中迅速生长。

(3) 提高成活率和回捕率　池塘水体小，河蟹放养密度大，这就容易造成河蟹在蜕壳时被其他河蟹所残杀，影响成活率；也容易因生态条件不良，缺乏隐蔽物而逃逸，影响回捕率。池塘种植大量水生植物后，就为河蟹提供了隐蔽、蜕壳、逃避敌害和栖居的良好场所。据观察，河蟹最喜欢在水草丛中蜕壳。在水草丛中既有浅水遮光的环境，又有安静隐蔽的场所，而且大量的水生植物将池塘水体分隔成无数的小空间，也立体利用了池塘水体，为河蟹提供了良好的栖居环境，大大提高河蟹的成活率和回捕率。

(4) 提高河蟹的品质　池塘中如无水生植物，河蟹主要生活在池底淤泥中，并以淤泥中的腐殖质为主食，致使河蟹背甲、步足呈黑色，腹部具黑褐色水锈，肉质较松散，价格下降。而池塘中具大量水生植物，河蟹则主要在水生植物丛中生活，并以水生植物为主食，其背甲呈青绿色，腹部白色，肌肉硬结，品质和价格与湖泊养殖河蟹相近似。

(5) 夏秋季节防止水温过高　水温超过 30℃，对河蟹生长不利。池中种植水生植物，就起了遮阴作用，水温就不易上升，有利于河蟹生长。

(6) 消浪护坡，防止池埂坍塌　池塘种植大批水生植物，分隔了水体，防止池水风浪过大，保护了池坡。

(7) 水生植物可供人类或鱼类等食用　种植的水生经济作物如水稻、茭白、菱、水蕹菜，可供人类食用，过多的水草也是草食性鱼类、畜禽类良好的饵料。

73. 蟹池种植水草有哪些主要品种及其优缺点？

蟹池种植的水草种类较多，可因地制宜地加以选择，生产上常见的主要是伊乐藻、苦草、轮叶黑藻、金鱼藻，等等（图 6-1）。

(1) 伊乐藻　原产于北美洲加拿大，它是一种优质、速生、高产

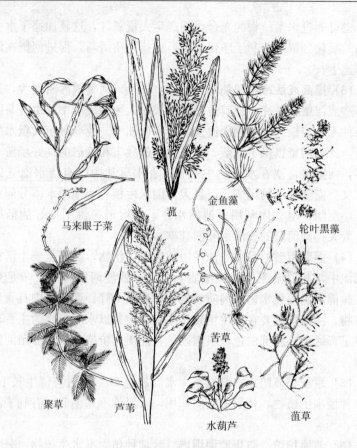

马来眼子菜　菰　金鱼藻　轮叶黑藻

聚草　芦苇　苦草　水葫芦　菹草

图6-1　河蟹养殖中常见的水生植物

的多年生沉水植物，具有高产、抗寒、四季常青、营养丰富等特点，尤其是冬、春寒冷的季节里，其他水草不能生长的情况下，该草仍具有较强的生命力，是冬春蟹池不可缺少的种类。其缺点是不耐高温，水温30℃以上，就容易发生坏死烂草现象。解决的方法是：在高温来临之前，应将浮在上层的伊乐藻割掉，根部以上留10厘米即可。对于移栽在沟槽底部的伊乐藻一定要彻底捞除，以防止水草腐烂败坏水质。捞除后应立即用底质改良剂改良池底。

伊乐藻在生长过程中，主茎上每生长一个新枝时，在其新枝基部即长出2～3根根须，这样的特点决定了伊乐藻匍匐生长的特性，如果由其疯长，会大面积覆盖池底，造成池底缺氧、坏底发臭，因而大田栽植的伊乐藻每块不宜过大，过厚。

（2）**苦草** 俗称面条草、扁担草，是蟹池中种植量最多的水草。苦草有横走的匍匐茎，茎端具芽可形成新的植株。苦草主要在蟹池中起到"水下森林"的作用，河蟹仅夹食苦草的嫩芽，较少摄食叶片。

（3）**轮叶黑藻** 俗称节节草、黑藻，是蟹池大量种植和移殖的水草之一。轮叶黑藻茎直立细长，叶呈带状披针形，4～8片轮生。叶缘具小锯齿，叶无柄。轮叶黑藻可在4月中下旬左右进行移栽，6～8月份为其生长茂盛期。轮叶黑藻植物有些变异，有的植株叶子较厚而硬，向后弯曲；有的植株叶子较薄而软。这可能由于生态环境条件不同所引起的。叶片粗短、颜色较深（发黑）的轮叶黑藻，河蟹喜食程度差。

（4）**金鱼藻** 主要特征是叶细长、轮生，叶端开叉形成Y形。该草被认为是蟹喜食种类，是优质水草，但生长速度较慢，极易被河蟹夹食。

（5）**小茨藻** 该草叶在茎上对生或分枝顶上聚生，叶片细线形，长1.5～3.5厘米，宽约0.5毫米。

74. 怎样在蟹池种植水花生和水蕹菜？

水花生和水蕹菜在河蟹养殖中具有较好的作用，可作为水生植物的补充品种加以应用。

（1）**水花生及其移殖** 水花生为多年生挺水植物，又称空心莲子草、喜旱莲子草，因其叶与花生叶相似而得名。水花生茎长可达1.5～2.5米，其基部在水中匍生蔓延，形成纵横交错的水下茎，其水下茎节上的须根能吸取水中营养盐类而生长。根呈白色稍带红色，茎圆形、中空、叶对生、长卵形，一般用茎蔓进行无性繁殖。水花生喜湿耐寒，适应性极强。气温上升至10℃时即可萌芽生长，最适生长温度为22～32℃，5℃以下时水上部分枯萎，但水下茎仍能保留在水下不萎缩。水花生可在水温达到10℃以上时向蟹池移殖，每亩用草茎25千克左右，用绳扎成带状，一般20～30厘米扎1束，用木桩

固定在离岸 $1\sim1.5$ 米处。一般视池塘的宽窄，每边移殖 $2\sim3$ 条水花生带，每条带间隔 50 厘米左右。

(2) 水蕹菜及其种植 水蕹菜为旋花科一年生水生植物，又称空心菜，属水陆两生植物。水蕹菜 4 月初进行陆上播种种植，4 月下旬至 5 月初再移殖至蟹池中，其移殖方法可参照水花生的做法，但株行距可适当缩小。另需注意的是，当水蕹菜生长过密或孳生病虫害时，要及时割去茎叶，让其再生，以免对养殖造成影响。

75. 怎样在蟹池中种植伊乐藻?

伊乐藻是蟹池中栽种的主要水草品种之一。伊乐藻种植方式比较简单，蟹池清整消毒后，注水 30 厘米，进水口用 40 目筛网进行过滤，防止野杂鱼类进入。移栽时鲜草扎成束，扦入泥中 $3\sim5$ 厘米，并根据池塘肥瘦情况，每亩施腐熟粪肥 $100\sim200$ 千克，移栽的伊乐藻要干净，切忌夹带青苔。

(1) 伊乐藻对水温有一定的要求 伊乐藻在水温 4℃ 以上可以萌发，在 10℃ 以上时，开始正常生长，当水温达到 $18\sim22$℃ 时，生长最旺盛。在长江流域以 $4\sim6$ 月份生物量达最高，不耐高温，如水温超过 30℃，生长基本停滞，植株顶端露出水面时，马上枯萎。

(2) 进行正常的光合作用是其生存的前提条件 伊乐藻光合作用需要具备足够的光照和适当的养分，一般来说蟹池中不应缺乏，但蟹池中生态经常失衡，人们又轻视它的需求。

(3) 草食性动物及危害伊乐藻的生物应得到适度控制 伊乐藻不仅适应很强，而且生长繁殖的速度也是惊人的，但如对水体中的各种危害因子不加以控制，繁茂的伊乐藻随时都有被毁的可能。

(4) 种植的密度及其生物量不应超出蟹池负载能力 蟹池中保持伊乐藻适当的密度与生物是非常重要，过低造成对水质净化功能不足，藻类等生物种群强盛，使伊乐藻种群逐渐消亡；过高造成其养分不足，生长受到抑制，逐步走向衰败。种植的密度与河蟹密度、水体条件等因子有关，大致为水体面积的 $60\%\sim80\%$，具体的应根据实际经验不断调整。在日常管理中发现过多或过低时，可马上采取措施。

76. 怎样管护好蟹池的伊乐藻？

（1）保证水体中有伊乐藻所需的养分　伊乐藻生长需要钙、磷、氮、碳等以及多种微量元素。良好蟹池中有足够的有益菌群，它们能及时将河蟹等动物排出的粪便分解转化为无机营养元素，供给伊乐藻生长之用。如果伊乐藻的消耗超过供给能力，或当水体消毒后有益菌群严重缺少时，显然伊乐藻的生长将受到抑制作用，此时首先应施用有益菌组成的微量元素肥料，然后再考虑割除部分伊乐藻。如先割草，有可能会造成水质恶化，常常是水质变红，实际就是有机质多。肥料多种多样，如化肥、有机肥、复合肥、生物肥等，施肥常常是适得其反，本来较好的伊乐藻反而会很快死亡，施肥不当会造成藻类大量繁殖而使水质变肥，有可能别人家的塘口刚用过化肥，而且很好，但对于你来说，施化肥的风险仍然较大。

（2）控制敌害生物十分重要　池中的浮游动物较多，用阿维菌素杀灭后再用二氧化氯全池泼洒，最后施用有益菌，池中的藻类和青苔不仅与伊乐藻争夺养分，还将危及其有效的光合作用。二氧化氯可杀灭一般单胞藻，采用局部快速肥水法，可有效而快速地杀灭青苔，池中的螺类如果过多，可通过减少投喂得到控制。

（3）当水质混浊不清时，应及时采取有效措施　蟹池经常因种种因素而造成水质混浊不清，使伊乐藻正常生长受到影响，严重时使伊乐藻很快死亡，因此必须及时采取有效措施，调清水质，清洁草体。水质混浊，可分成以下几种情形来分别处理：

①水体中充满轮虫使水成白雾状，春夏间初次肥水后发生的可能性很大。用透明水杯取池水对阳光处观察，可看到一个个小白点在活动，可判断是轮虫所致。方法与杀灭枝角类动物相同。

②水质白雾状，肉眼可见大小不等的白色碎片或颗粒物，在显微镜下观察可见这些碎片包含有若干单胞藻、细菌及有机质等，采用二氧化氯全池泼洒1～2次后，再用水产用净水宝化水泼洒。

③泥浆式浑水，可能是野杂鱼混入池中活动、投喂量不足引起河蟹活动，温差大水体对流而引起，池底下有发酵气体向上泛起等。春

季水浅时，适当肥水，保持透明度在 30～35 厘米，水产用净水宝可使泥浆颗粒吸附沉降。

④水中发生水华藻类，如蓝藻类的鱼腥藻和颤藻等。如不及时处理，伊乐藻很快就会烂光，而这些害藻越来越盛。使用活力菌素可以有效抑制，更可以预防其发生。使用二氧化氯杀不灭，用硫酸铜虽然可杀蓝藻，但伊乐藻也一定被杀光。唯有蓝藻净只杀蓝藻（对水草、浮游生物、鱼、虾、蟹等均无影响），关键是要及时使用水质保护解毒剂，解除藻类尸体分解而释放出的毒素。

(4) 重视伊乐藻根部改底保洁，避免烂根　由于伊乐藻始终被当作杂草看待，因此易死亡。蟹池中的伊乐藻密度较高，其自身发棵密及上部茎叶覆盖，下部根茎往往透光、通气性极差，呼吸困难，根茎细胞发黑死亡，就是所谓烂根。

要注意对伊乐藻进行适当的疏松通气，就是将过密的剪除或翻转草体等方法，使上下通透。施用改底药物时应注意在草根部多施，但不可用消毒剂类改底药。如果蟹的密度高，活力好，上下活动频繁就会起到良好的疏松通气作用。

77.　影响蟹池伊乐藻正常生长的主要因子有哪些？

蟹池伊乐藻难以养护的原因及解决的方法：

(1) 光合作用受阻的主要原因

①水质浑浊或过肥而影响了伊乐藻的生长：蟹池时常因种种原因，使池水变得混浊，或因水质肥沃使池水透明度过低，透光性差，光合作用受到抑制。浑浊物的来源主要是各种有机碎屑或泥浆，使草体污秽增多，阻碍伊乐藻的生长。

②草粘污垢：由于伊乐藻表面易为细菌等微生物附生，使得草表体常充满黏性物质，水中的各种小颗粒物质被粘连其上，不仅影响光合作用，而且还阻碍了与水体环境的物质变换作用，草体起初表现不长、发黑，渐渐死亡腐烂。

(2) "草虱子"泛滥　当水质较清瘦时，水体中的轮虫和枝角类等动物的饵料较为缺乏，而伊乐藻茎叶周缘又聚集着大量的细菌、单胞藻、腐殖质等，这些小型动物贴附于茎叶之上摄食和繁殖，如同草的周身生满了虱子一样，使水草无法生长，慢慢的萎缩，草茎十分瘦细无力，草叶也十分细小，不细心观察如同没有叶子一样。此时草的手感很粗糙，用透明玻璃杯贴着草体快速向上打一杯水，朝阳光处观察就会发现杯中小虫子很多。

(3) 烂根浮起继而下沉，全株腐烂

①太密使通透性太差。由于伊乐藻的发棵迅速，草根部光照严重不足，而且通气性亦很不足，一段时间后，下层茎部发黑，继而腐烂断开，又因上部的浮力作用，使整株漂浮，随着天气变化，水体产生对流，漂浮的水草也跟着上下移动，最终因其缺失了净化能力，水质变浓，下沉腐烂。此时如温度稍高，就会发现蟹池底部到处有草在发酵向上冒气泡。有人仍幻想草会转好，不愿捞除。

②底质恶化。一种情况是陈年老塘，污泥厚，底质差，草根着生于软泥上，当水深加大时，整株便浮起，过不了多久伊乐藻开始腐烂；另一种情况是长期过量投喂，残饵与粪便累积，造成烂根，草茎断开，上浮后再下沉，全株腐烂。

(4) 药物危害 ①用药不当造成塘草死亡而腐烂，如常有人用硫酸铜、漂白粉等药物杀青苔，误杀了水草；②用化肥施肥长草，反而害了草；③误将污染了农药的水源加进池塘，使全池草在几天内变黑而死亡。

(5) 螺类密度太高 在蟹池投放适量的螺类，是改良底质和净化水质的要求，同时也是为了增加河蟹优质天然饵料的需要。如果螺类投放密度太高，就会妨碍伊乐藻的正常生长，因为它们会爬满整个草茎草叶，草体遭遇螺类后，手感变得粗糙，日渐萎缩。

78. 如何在蟹池中种植和管护苦草?

苦草对改善蟹池生态环境作用很大，所以蟹池中种植苦草可作为水草补充品种。

(1) 苦草的播种 在蟹池中的种植一般在春季气温回升后，大田加新水 3～5 厘米，选择晴天晒种 1～2 天，然后浸种 12 小时，捞出后搓出果内的种子，并清洗掉种子上的黏液，再用半干半湿的细土或细沙拌种全池撒播。播种量，理论上每亩50～100克，但在实际操作中，用种量往往要多出数倍，甚至10多倍，主要是种子质量的问题，成熟度差的种子用量要大得多。

(2) 苦草的补种　在苦草播种时，建议适当留一些种子备用。到5月，苦草出苗不理想，或是由于河蟹夹食、青苔等原因，苦草苗浮起，塘内苗稀疏时就要补种。这时气温回升了，补种时可以采取抽芽的办法，有利于苦草快速扎根发苗。方法是将苦草籽装入"蛇皮"袋水中浸泡一夜，然后拎出搓碎，置于塘埂，盖上薄膜晒2天抽芽（注意温度不能过高），然后拌土撒播。

(3) 苦草的管护　水温18～22℃，种子需4～5天开始发芽，至15天时出苗率超过98%。苦草在水底分布蔓延的速度很快。为促进苦草分蘖，抑制叶片营养生长，6月中旬以前池塘水位应控制在20厘米以下。6月下旬水位加至30厘米左右，此时苦草已基本满塘。7月中旬水深加至60～80厘米，8月初可加至100～120厘米。后期由于河蟹夹食苦草，导致草叶漂浮在水面的现象。因此，每天要清除漂在水面下风处的残草，以免破坏水质，影响池底水草的光合作用。

79. 如何在蟹池中种植和管护轮叶黑藻？

轮叶黑藻为多年生沉水植物，是一种较适宜在蟹池中种植的优质水草。轮叶黑藻栽种一次之后，可年年自然生长，用生石灰或茶籽饼清池，对它的生长也无妨碍。

(1) 轮叶黑藻的种植方法　有芽苞种植和整株移殖两种方法：

①芽苞种植：每年的12月到翌年3月，是轮叶黑藻芽苞的播种期。应选择晴天，加注池水10厘米，每亩用种500～1000克，播种时按行、株距各50厘米，将芽苞3～5粒插入池中，或者干脆拌泥沙撒播。注意：选择的芽苞要粒硬饱满，呈葱绿色，播种前应用网片将种植的芽苞区与河蟹隔开，待水草满塘后再撤除围拦。

②整株移栽：也有两种方法。一是营养体移栽繁殖：一般在谷雨

前后，在板田留少许水，将长至 15 厘米轮叶黑藻切成长 8 厘米左右的段节，在板田上均匀撒播，使茎节部分浸入泥中，再将池塘水加至 15 厘米深，约 20 天后全池即可覆盖着新生的轮叶黑藻。二是整株移栽：在每年的 5～8 月，天然水域中的轮叶黑藻已长成，长达 40～60 厘米，视蟹池水草疏密程度，每亩放草 100～200 千克，一部分被蟹直接摄食，一部分生须根着泥存活。要注意的是移殖时要保持水质清新，不能长时间离水。

(2) 轮叶黑藻的管护　轮叶黑藻是随水位向上生长的，水位的高低对轮叶黑藻的生长起着重要的作用，因此池塘中要保持一定的水位，但是池塘水位不可一次加足，要根据植株的生长情况循序渐进，分次注入，否则水位较高影响光照强度，从而影响植株生长，甚至导致死亡。另外，种植轮叶黑藻蟹池，不宜使用化肥。

80. 如何在蟹池中种植和管护金鱼草?

金鱼草别名松鼠尾、红头绳草，属沉水漂浮性水草。轮生 8～10 片针形叶，叶片间生芽分枝，枝条繁殖，该水草生长旺盛，嫩绿多汁，河蟹特别爱吃。

(1) 金鱼草在蟹池中种植的方法　移栽时间在 4 月中下旬，或当地水温稳定通过 11℃即可。移栽池水深 1.2～1.5 米，金鱼草茎的长度留 1.2 米，水深 0.5～0.6 米，草茎留 0.5 米，准备一些手指粗细的棍子，棍子长短视水深浅而定，以齐水面为宜，在棍子入土的一头离 10 厘米处用橡皮筋绷上 3～4 根金鱼草，每蓬嫩头不超过 10 个，分级排放。

移栽时做到深水区稀，浅水区密，肥水池稀，瘦水池密，急着用则密，待着用则稀的原则。一般栽插密度为深水区 1.5 米×1.5 米栽 1 蓬，浅水区 1 米×1 米栽 1 蓬，以此类推，栽插时人不要下水，以防搅浑池水，影响蟹苗正常生长。先将池水放浅 20 厘米，用腰子盆或划子装好苗子，1 人划桨 1 人栽插，轻拿轻栽，棍子入泥 10 厘米左右，草顶头齐水面为好。

(2) 商品草种植管理　利用沟河湖滩或季节性水域种植金鱼草，

是一条致富创收的好门路。种植管理与河蟹池不同之处为：①宜密不宜稀。要想夺高产，基本苗不足，产量难以上去，按每亩水域移栽1200 蓬为宜。②宜浅不宜深。移栽区水深最好保持 1 米以内，水过深茎粗叶少，产量低，商品利用率也低。③宜肥不宜瘦。凡是不能养鱼养虾的荒芜水面基本上都是劣质水域，移栽前捞去水苔和其他杂草，按每亩水面施过磷酸钙 25 千克作基肥，少施氮肥，以防绿藻占领水面。④采收与追肥。移栽到第 1 次收获大致 50 天，采收时将棍子拎起抖一抖，在水中转上 4～5 转，将棍子一横两手往上一拎，1 蓬草就是 1 个大纱锭。起 1 排留 3 排，第 2 次收获需间隔 30 天左右，收 3 排当中的 1 排，第 3 次以后不需间隔多少天，只要价格合理随时都可采收。为了保持鲜草的新鲜度，必须在 8：00 之前运输投放结束，每次采收后每亩水面施标准复合肥 4 千克。

(3) 金鱼草越冬管理 选择排灌方便处建越冬池，池宽 2 米，长3 米，可供 1 亩水面种苗。按需建池，池深 1.5 米，水深 0.5～0.6米。10 月中旬采集种苗，种苗长 50 厘米，3～4 根为 1 蓬，按移栽方法挨一挨二扦插，以苗头互不相挤为好。12 月中旬将池水加深到 1.2米，扣上塑料拱棚，四周封严压实。翌年 2 月下旬将池水降至 1 米，每平方米用过磷酸钙 20 克，加细土 0.5 千克撒施，3 月下旬揭膜炼苗，4 月中旬即可起苗移栽。

81. 蟹池中投放螺蛳的好处有哪些？怎样投放螺蛳？

螺蛳在沟河等水域分布广泛，捕捞也十分方便。它不仅易养殖，而且易繁殖，主要摄食浮游生物及腐败有机质（包括动物尸体及下脚料），还可有效降低池塘中浮游生物含量，起到净化水质的作用，有利于河蟹生长。蟹池投放螺蛳，作为蟹的补充饵料，效果极为显著。蟹池中投放螺蛳具体方法为：

(1) 投放螺蛳的质量要求 个体较大，贝壳面完整无破损，受惊时螺体能快速收回壳中，同时盖帽能有力地紧盖螺口，螺体无蚂蟥等寄生虫寄生。

(2) 投放时间 池塘里投放活种螺蛳的时间一般为 2～4 月，到了4～7月螺蛳开始大量繁殖，仔螺蛳附着于池塘的水草上，仔螺蛳不但稚嫩鲜美，而且营养丰富，利用率较高，是河蟹最适口的饵料，正好适合河蟹旺长的需要。

（3）**注意事项** 投放时应先将螺蛳洗净。池塘投放时还要对螺体进行消毒处理，可用强氯精、二溴海因等杀灭螺蛳身上的细菌及原虫。池塘养蟹一般每亩投放螺蛳100～200千克。

七、河蟹饲料与投喂技术

82. 成蟹养殖的天然饵料和人工饲料有哪些种类？

河蟹属以动物性饵料为主的杂食性动物，一般说来河蟹的饲料可分为两大类，即天然饵料和人工饲料。目前，生产上精养河蟹以人工饲料为主，天然饵料为辅；大面积围拦养殖仍以天然饵料为主，人工饲料为辅。

（1）天然饵料 主要有浮游动物、水生植物、陆生植物和底栖生物等。

①浮游动物饵料：浮游动物包括原生动物、轮虫、枝角类和桡足类等，是河蟹大眼幼体阶段的好饵料。

②水生植物饵料：水生植物种类很多，如苦草、轮叶黑藻、马来眼子菜、浮萍、芜萍（瓢莎）、水花生和水浮莲等，是河蟹主要植物性饵料。

③底栖动物饵料：如螺、蚬、河蚌等，是河蟹上乘的饵料。

④陆生植物饵料：陆生植物如南瓜、各种蔬菜、西瓜皮、黑麦草、聚合草等。

（2）人工饲料 包括植物性饲料、动物性饲料和人工配合饲料等。

①植物性饲料：包括黄豆、豆饼和花生饼等，是河蟹主要植物蛋白饲料；小麦、玉米、米糠和麸皮等，是河蟹主要能量饲料。

②动物性饲料：包括鱼粉、蚕蛹、小杂鱼、畜禽内脏、蝇蛆、酵母、蚯蚓和福寿螺等，是河蟹最好的动物蛋白饲料。

③人工配合饲料：根据河蟹不同生长阶段营养需求及季节变化，将植物性饲料、动物性饲料以及矿物质和维生素等科学配合制成颗粒

状的饲料。

83. 河蟹对饲料有哪些营养需求？

河蟹所需来源于饲料，其营养成分是指在体内能被消化吸收、供给能量、构成体质及调节生理作用的物质。营养的主要成分是蛋白质、糖类、脂肪、无机盐及维生素，供给能量主要是前三种，这些物质是养殖动物生命活动所必需的。

(1) 对蛋白质的需求 蛋白质是生命的来源，是饲料中最主要的成分。蛋白质是供给新细胞的产生与弥补旧细胞的主要原料，吸收后构成蟹体的各种组织。日常生活所需的能量，可来自于食物中的脂肪、糖类和蛋白质，但是，没有足够的蛋白质，河蟹就不能维持正常的生命活动和生长。蛋白质缺乏会引起河蟹一系列的生理、生化过程的严重障碍，从而使河蟹生长停滞，严重的甚至导致河蟹死亡。因此河蟹养殖中，6月前投喂蛋白质含量为35％左右的饲料，以促进河蟹快速生长；高温季节改投30％左右的蛋白饲料，以保证河蟹安全度夏；9月改投高蛋白饲料，让其增重育肥。

(2) 对糖类的需求 糖类的主要生理功能是供给热量。当体内有糖存在时，首先利用糖原供应能量，节省蛋白质的消耗。因此，河蟹配合饲料应适当添加含苞欲放有淀粉的植物性原料，如小麦、玉米等。

(3) 对脂肪的需求 脂肪是供应热能的最好来源，在饲料中合理添加类脂质，也是提高河蟹成活率和增加体重的重要途径，特别是在河蟹后期增重育肥阶段，通过提高饲料中豆粕、蚕蛹等高脂肪含量物质的添加量来增加河蟹体重。经专家研究表明，河蟹配合饲料中脂肪含量保持6％为宜。

(4) 对无机盐的需求 无机盐又称矿物质，是构成蟹体甲壳的重要成分，又是系统的重要催化剂，还有调节渗透压平衡作用。其中，磷和钙对河蟹尤为重要，它们的外骨骼以含有大量钙质的甲壳质所形成。每次蜕壳，可能有大量矿物质丧失，一般来说，蟹体对水体中的钙质吸收较快，肠道对饲料中的磷质吸收较快，在配合饲料中，无机盐添加量为 2% 较适宜。

（5）**对维生素的需求**　维生素在人和动物体内不能合成，是生命活动不可缺少的有机化合物，它具有调节新陈代谢作用。如果饲料中长期缺乏维生素，甚至会引起死亡。

84. 如何掌握河蟹对饲料营养的均衡供给？

（1）**了解河蟹的食谱**　河蟹为杂食性动物，食谱比较广，多种动物性、植物性饲料及人工配合饲料均可摄食，但尤喜食动物性饲料。在规模化人工养殖条件下，应多途径、因地制宜地解决河蟹的饲料。可用于投喂河蟹的动物性饲料，有小杂鱼、小虾、螺蚌肉、各种动物加工厂的下脚料，以及人工培养的鲜活饵料生物，如蝇蛆、蚯蚓、水蚯蚓和摇蚊虫等。但要注意动物饲料的质量，不能投喂腐烂变质的饲料。河蟹可食的植物性饲料有豆粕、豆渣、菜籽饼、玉米、小麦、麸皮、马铃薯、甘薯、南瓜、西瓜皮、各种蔬菜、陆草和水草等。

（2）**人工配合饲料与加工要求**　人工配合饲料是根据河蟹的营养需求，将若干种动物性、植物性饲料按一定的搭配比例混合的饲料，其中，再适当添加维生素、矿物质，有的还加入一定的微量元素。一般加工成颗粒状再投喂，颗粒的大小应与河蟹的发育阶段、个体大小相适应。配合饲料中重金属等的含量，应符合国家制定的《无公害食品　渔用配合饲料安全限量》的要求，投喂配合颗粒饲料，虽然成本可能会高一些，但对水体污染小，有利于保持良好的水域环境，对河蟹的生长有利。河蟹虽然喜食各种动物性、植物性以及配合饲料，但在池塘较高密度养殖的条件下，如投喂变质的饲料，不仅污染水体，还会导致河蟹生病，况且变质的饲料营养价值已大为下降，一定要避免投喂霉烂变质的劣质饲料。当前市场上供应的河蟹饲料的营养成分，应符合河蟹生长发育各阶段的不同要求，其加工工艺应符合河蟹的适口性。河蟹喜欢摄食动物性饲料，但大量使用动物性饲料的成本高，如果主要投喂植物性饲料，又会影响河蟹的正常生长。在养殖实践中，为使河蟹正常生长，又尽可能地降低饲料成本，河蟹饵料中既要保持一定的动物性成分，又要注意搭配适量的植物性饲料，并在不同的生长发育阶段、不同的季节有所侧重。根据一些河蟹生产单位及河蟹养殖户的做法，河蟹饲料中一般动物性饲料可占 30%～40%，植物性饲料占 60%～70%。其植物性饲料中，各种草类占 60%以上，谷物类饲料占 40%以下。

（3）饲料的均衡供给　6月中旬前在开食的 3～5 月，河蟹尚小，摄食能力较低，要以投喂动物性饲料为主，以提高饲料的蛋白质含量，促进幼蟹生长，动、植物性饲料比为 60：40；6月下旬至 8 月中旬，水草、陆草丰富，水温高，河蟹摄食量大，应以青饲料为主，动、植物性饲料比为 45：55，这一阶段中螺蛳繁殖快，数量多，可以补充投放螺蛳，每次投放活螺蛳 50 千克/亩；8 月下旬至 10 月中旬，河蟹需要积累营养，则应适当投喂一引起动物性饲料，并增喂甘薯、玉米等以增加饲料中的糖分，使河蟹转肥，体重迅速增长，动、植物性饲料比为 65：35。

85. 怎样采捕丝蚯蚓喂蟹？

丝蚯蚓营养丰富，干物质含蛋白质达 70%以上，为河蟹养殖的理想活饵料。

（1）丝蚯蚓的生活习性　丝蚯蚓又名水蚯蚓。

水蚯蚓与陆生蚯蚓一样，也是雌、雄同体，异体受精，一年四季都可引种繁殖，温度高繁殖快，温度低繁殖慢，一年中以 7～9 月、水温在 28℃以上繁殖最快，产茧最多，孵化率最高。水蚯蚓生殖常有群聚现象。蚓茧孵化期在 22～32℃时，一般为 10～15 天，一般引种后 15～20 天即有大量幼蚯蚓密布土表，幼蚓出膜后常以头从茧的柄端伸出。刚孵化出的幼蚓体长 6 毫米左右，像淡红色的丝线。当见小蚯蚓环节明显呈白色时，即达性成熟，人工培育的水蚯蚓寿命约 80 天，体长 50～60 毫米。

（2）丝蚯蚓的采捕

①分布：丝蚯蚓广泛分布于淡水水域，在污水沟、排污口及码头

附近数量特别多，每平方米可达 0.45 千克。

②捕捞工具：捕捞丝蚯蚓的主要工具是长柄抄网，它由网身、网框和捞柄三部分组成。网身长 1 米左右，呈长袋状，用 24 目密眼聚乙烯布裁缝而成，网口为梯形，两腰长 40 厘米左右，上底和下底分别为 15 和 30 厘米。网架框由直径 8～10 毫米的钢筋或硬竹制成，在框架的 1/3 处设横档，便于固定捞柄。捞柄是直径 4～5 厘米、长 2 米的竹杆或木棍。

③捕捞方法：首先选择适宜捕捞的场所，一般要求底部平坦，少砖石，流速缓慢，水深 10～80 厘米的地方捕捞。作业时，人站在水中用抄网慢慢捞取表层浮土、待网袋里的浮土捞到一定数量时，提起网袋，一手握捞柄基部，一手抓住网袋末端，在水中来回拉动，洗净袋内淤泥，然后将丝蚯蚓倒出，一般劳力每人每小时可捕捞 10～20 千克。

（3）丝蚯蚓的运输

①带水运输：把淘净淤泥的丝蚯蚓装入木桶或其他容器中，加水 10 厘米（一般直径 50 厘米的木桶可装载丝蚯蚓 20 千克），用汽车运输，经过 4～6 小时运输，成活率 100%。

②不带水运输：利用丝蚯蚓在皮肤湿润时能进行皮肤呼吸的生理特点，把丝蚯蚓装入鳗苗箱中进行运输。运输时每筐鳗苗箱装放丝蚯蚓 3～4 千克，3～4 筐叠起为一套，用绳扎牢，运输 4～6 小时，成活率可达 100%。

③尼龙袋充氧运输：适用于长途运输，一般每只尼龙袋装丝蚯蚓 4 千克，保温在 10℃以下，运输延续 15 小时没有死亡。无论哪种方法，当气温上升到 25℃以上时，都要减少装载量或者用冷藏车降温运输。

为了提高丝蚯蚓的运输成活率，应注意：一是丝蚯蚓在采捕结束后应立即起运，缩短途中时间；二是严格控制盛放丝蚯蚓的密度，箱内不要装满，保持一定的空隙；三是不带水运输时，为了保持箱内的空气流通，最下面一筐鳗苗箱不装（留空）；四是用冷藏车降温运输时，温度最好保持在 15℃以下。

（4）暂养丝蚯蚓

①丝蚯蚓对环境的要求：丝蚯蚓暂养主要有两个目的：一是捕捞

的丝蚯蚓虽然经过淘洗，但仍粘有污泥杂质，丝蚯蚓体内也有污物排出，通过暂养，可以清除污物；二是收集储备，作为来日投喂活饵料来源。

要想做好丝蚯蚓的暂养工作，必须了解环境条件对丝蚯蚓生存的影响。当水温18℃时静水状态下，不同水深和pH对丝蚯蚓的影响。

丝蚯蚓暂养对水的要求是水温要低，溶氧量高和pH较低。在喷水缓流时，要保证所有丝蚯蚓都能接触新鲜水。首先，暂养用水的水温低于20℃，用这样的水暂养，丝蚯蚓成活率高。其次，通过喷水，水中溶氧量增加。从丝蚯蚓的体色可以看出丝蚯蚓鲜活状况，水质清新，丝蚯蚓体呈鲜红色，整片呈毡毯状；若体色变为暗红色，就是缺氧的表现，若持续缺氧，蚓体不活动，毡毯状的蚯蚓群体中部分凹下，凹下部分的丝蚯蚓活动力极弱，这时已开始死亡，要及时除去以防蔓延。再次，暂养水的pH以6~7.5为宜。若用浮游植物生长较好的池水（pH一般8以上），作为暂养丝蚯蚓用水，丝蚯蚓死亡率较高。

②暂养方式：一般用流水暂养。一种是方形暂养池，混凝土砌成，规格长、宽、高为3米×1.2米×0.5米，蓄水20~30厘米，暂养50千克，可保持存活7天以上。另一种是浅盆式暂养池，混凝土制成长方形，面积10~20米²，壁高20厘米，池底朝一方稍倾斜，进水口一方用长3~6米小铁管，在铁管上隔20厘米打2个小孔，喷水缓流，水从排水口溢出（挡水砖高6~8厘米，以防丝蚯蚓随水冲去），这样的池暂养丝蚯蚓100多千克，能保持成活半个月以上。

③丝蚯蚓暂养的管理：丝蚯蚓在放入暂养池前，先用砖把暂养池隔成1米宽的长条，丝蚯蚓放入暂养池数小时后，再排干池水，把附在污物上面的丝蚯蚓取出，清除底部的尸体和污物。然后重新放水，一般隔天清理1次，清理2~3次后，丝蚯蚓基本洁净。要想在较短时间内分离丝蚯蚓和污物，一般可用强光照射分离（丝蚯蚓向下分离）、黑暗分离（丝蚯蚓向上分离）和温热分离（丝蚯蚓在低温时向上分离）等三种方法。

86. 为什么说鱼、蟹养殖宜多种饲用南瓜?

南瓜为葫芦科、一年生草本植物,我国各地普遍栽培,果作蔬菜、杂粮和畜禽饲料,种子供食用或榨油。然而,南瓜在养鱼、养蟹中的独特作用越来越被水产养殖者所重视,嫩茎蔓叶是草食性鱼类的优质青饲料,每 10 千克左右嫩茎蔓叶即可转化 1 千克商品鱼;因南瓜含丰富的维生素、碳水化合物等营养成分,用其喂蟹,可减少蟹病发生,提高蟹的规格、产量和品质;瓜籽还可用于防治鱼类寄生虫类疾病。另外,池边种植南瓜,还有护坡、防止水土流失及改善生态环境的作用。

(1) 瓜地准备 利用鱼、蟹池堆圩、边隙地或选择地势较高、排灌条件较好的疏松土壤,冬春季深翻晒垡,同时,每亩用粪肥 1 000～2 000 千克,腐熟饼肥 100 千克,过磷酸钙 150 千克作基肥,也可结合鱼、蟹池冬春季清淤,将池中的肥泥掺在土壤中,可减少基肥用量。

(2) 播种与育苗 一般 3 月中、下旬用温棚育苗,4 月上旬定植,也可在 4 月中、下旬直播。播种前先将种子晒干,然后用 55℃温水浸种,并不断搅拌,待冷却至 30℃时再浸种 4 小时,然后在30℃下催芽 36 小时,将催出芽的种子播在营养钵内,撒薄土以不见籽粒为度,最后覆盖微膜,四周压平,待苗齐后架拱棚。苗期注意温度管理和通风换气,定植前 7 天进行练苗。

(3) 定植移栽 定植前每亩再施 15 千克氮磷钾三元复合肥,土肥拌匀后即可定植。当幼苗长至 2～3 片真叶、气温稳定在 10℃以上时,选择晴天及时移栽,移栽后浇透水。直播或移栽穴与穴间隔 2～2.5 米,每穴 4～6 株,折合每亩 1 500 株左右。

(4) 田间管理 定植移栽后,中耕松土除草 1～2 次。待伸蔓后及时整枝、压蔓。坐瓜以第二或第三雌花为宜,在前一天将要开放的、呈黄色雌花的花冠套袋,用雄花花粉及时授粉,授粉后再将雌花花冠套袋。在膨瓜中后期,用青草、瓜叶遮盖南瓜,以防阳光灼伤嫩瓜,夏季高温时早、晚勤浇水。当瓜长至碗口大时,每株留 1～2 个瓜，将主枝切除即可。生长期间视长势情况，可少量施1～2次三元复合肥。

（5）采摘利用 平时整理时可直接用嫩茎蔓叶喂鱼。在花后45天左右即可采摘。采摘的南瓜用刀切成小片或用专用刨刀刨成瓜丝直接撒入蟹池，一般每天投喂1次或隔天投喂1次，投喂量按鲜瓜重计，约占在池蟹体重的5％左右。大量采摘的南瓜，可存放于通风干燥处贮藏。

87. 配制成蟹配合饲料应遵循哪些原则？

（1） 应满足河蟹对各类营养物质的需要，特别是对饲料蛋白质的需要。成蟹阶段饲料蛋白质需要量为35％，养殖前期偏高，后期略低一些。

（2） 饲料原料种类需多样化，以求饲料中氨基酸的互补和平衡。可因地制宜地选用当地量多、质好、价廉的多种原料，进行调配。调配时，先根据各类饲料蛋白质的含量乘以需加入饲料的百分比，计算出每一种饲料的蛋白质含量，所有饲料中蛋白质之和就是总的粗蛋白百分比，该比值应达到35％的标准，如有出入，应重新调整。

（3）增加一定数量的无机盐添加剂 以提高饲料的利用率，进一步发挥饲料的营养价值。

（4）水中稳定性高 河蟹用螯足夹起饲料，随即送到颚足经进一步撕裂后送入口中，根据这一摄食习性，要求配合饲料具有较强的黏合性，因此配合饲料需添加剂，以减少摄食过程中饲料的散失。

（5）需添加蜕壳素 池塘水体小，天然饵料少，饲料种类少，河蟹血液中往往因容易缺乏蜕壳素而不能蜕壳，造成生长停滞。因此，饲料中必须添加蜕壳素。

（6）注重人工配合饲料和新鲜天然饵料的互补 天然饵料不仅含有河蟹需要的多种营养物质，而且还有多种生物活性物质，而人工配合饲料目前往往还缺乏这些成分。因此，在使用人工配合饲料时，应定期投喂水草、螺蚬、蚕蛹和杂鱼等天然饵料，以满足河蟹营养需要，部分或全部代替配合饲料中的维生素和无机盐，促进河蟹正常蜕壳生长，达到提高饵料利用率和降低饲料成本的目的。

88. 成蟹池如何做到合理投饵？

成蟹的投饵，应遵循"四定和四看"原则：

(1) 四定

①定质：饵料要求新鲜、适口，蟹喜食，营养价值高。植物性饵料要求无根，无泥，无黄叶，动物性饵料要新鲜。不投腐烂变质饵料和粉状饲料，应投小块状饲料，配合饲料必须轧制成颗粒状，在水中能成型 6 小时。投喂饵料切忌固定一种，应经常更换。

②定量：以天然饵料和商品饵料混合投喂，商品饵料分配百分比见表，一般采用动植物混杂饲料投喂，其饵料系数为 6～8，采用配合饲料投喂，其饵料系数为 3 左右（表7-1）。

表 7-1　成蟹池商品饵料分配百分比

月份	2	3	4	5	6	7	8	9	10	11	小计
日投饵量占河蟹总重量（%）	2.2	2.3	3.6	3.6	5.8	7	5.4	4.3	1.2	0.8	—
月投饵分配比例（%）	3.2	3.2	6.4	6.4	12.7	19.1	19.1	19.1	6.4	6.4	100

③定时：河蟹白天常隐蔽在阴暗地方，黄昏、夜间才出来觅食，因此投喂时间应选择在傍晚。水温 10℃左右，每周投喂 2 次；水温 15℃左右，每隔 1 天投喂 1 次；水温 20℃以上，每天投喂 1 次。

④定位：饵料应投在投饵区内，刚开始时大部分投在岸边浅水处，投饵面应尽量扩大到整条池坡。

(2) 四看

①看季节：2～3 月天气较冷，河蟹摄食量少，可用少量鲜活饵料开食；清明以后，水温逐步升高，可投喂商品饲料，并增投嫩水草和陆草、菜叶等；小满到白露，河蟹摄食量大，可大量投喂植物性饵料；搭配少量动物性饵料；白露以后，河蟹逐步趋于性成熟，应加大

动物性饵料的数量，以利体内脂肪的积累和性腺发育。

②看水质：水质清新，可大量投饵；水质肥，浮游植物数量多，应控制投饵数量。

③看天气：晴天水温高，应多投；阴天、阴雨天，气压低，应少投。

④看河蟹吃食情况：每天早晨巡塘，检查其吃食情况。如投饵后食场上的饵料很快吃完，可适当增加投饵量，反之则少投。

89. 河蟹的配合饲料与投喂的技术要点有哪些？

使用配合饲料喂蟹，要掌握原料组成、产品特点、营养成分和使用方法及注意事项。

(1) 河蟹配合饲料主要原料组成 鱼粉、豆粕、谷朊粉、酶制剂、酵母粉、限制性氨基酸、多种稳定型维生素及微量元素、磷酸二氢钙、蜕壳素、大蒜素、甜菜碱、肉碱、抗氧宝和防霉剂等。

(2) 配合饲料的产品特点 科学配方，选料精良，氨基酸矿物质平衡合理，满足螃蟹各阶段生长的营养需要；能有效促进蟹的生长，使蜕壳正常，商品率高；生产工艺先进，颗粒成型好，水中稳定性佳，利用率高，经济效益好。

(3) 配合饲料主要营养成分含量 见表7-2。

表7-2 配合饲料主要营养成分含量表（%）

成分\种类	粗蛋白质 ≥	粗脂肪 ≥	粗纤维 ≤	粗灰分 ≤	钙 ≥	总磷 ≥	水分 ≤
前期料	36	4	8	14.5	0.8	0.8	12
中期料	28	4	8	15	0.8	0.8	12
后期料	38	4	8	14.5	0.8	0.8	12

(4) 使用方法及注意事项

①选用种纯质优的蟹种放养，规格整齐，密度合理。

②一般日投喂两次，早晚各一次，早上为30%，晚上为70%。做到"四定和四看"，不同阶段选用合适的饵料；起捕前一个月，可

辅投新鲜螺蚬。

③调控好水质，结合使用水质改良剂，经常补加无污染新水，每次 20～30 厘米，中后期水体透明度保持在 40～50 厘米；适时适量用生石灰进行泼洒，适时增氧，保证足够的溶氧。

④发现蟹病要及时正确诊断，合理用药，切勿滥用药。

⑤种好水草。

⑥将饲料置于通风、干燥、避光处保存，保质期 45 天；开封后尽快用完或扎紧袋口，以防受潮，污染和变质。

八、河蟹养殖中的管理技术

90. 为什么说河蟹每一次蜕壳就是过一次生命难关？

河蟹只有蜕壳才能长大，河蟹也只有在适宜的蜕壳环境中才能正常顺利蜕壳，它们要求浅水、弱光、安静、水质清新的环境和营养全面的优质适口饵料，如果不能满足上述生态要求，河蟹就不易蜕壳或造成蜕壳不遂而死亡。

河蟹蜕壳后，机体组织需要吸水膨涨，此时其身体柔软无力，俗称软壳蟹，需要在原地休息1小时左右，才能爬动，钻入隐蔽处或洞穴中，故此时极易受同类或其他敌害生物的侵袭，因此，每一次蜕壳过程，对河蟹来说都是一次生存难关，特别是每一次蜕壳后1小时，在这段时间内，河蟹完全丧失抵御和回避不良环境的能力，人工养殖时，促进河蟹同步蜕壳和保护软壳蟹是提高河蟹成活率的技术关键之一。

在生产上，判断河蟹是否要蜕壳可采用以下方法：

(1) 检查河蟹体色　蜕壳前河蟹体色深，呈黄褐色，步足硬，腹甲水锈多，而蜕壳后，河蟹体色变淡，腹甲白色，无水锈，步足软。

(2) 看河蟹规格大小　蜕壳后壳长比蜕壳前增大20%，而体重比蜕壳前增长了近1倍，在生长检查时，捕出的群体中如发现了体大、体色淡的河蟹，则表明河蟹已开始蜕壳了。

(3) 看池塘蜕壳区和浅滩处是否有蜕壳后的空蟹壳　如发现有空壳，则表明河蟹已开始蜕壳了。

(4) 检查河蟹吃食情况　河蟹在蜕壳前不吃食，如发现这几天投饵后，饵料的剩余量大大增加，则表明河蟹即将蜕壳。

91. 河蟹在蜕壳期间应注意哪些问题？

河蟹在蜕壳期间，应注意以下问题：

(1) 投喂高质量的饵料 每次蜕壳来临前，不仅要投含有蜕壳素的配合饲料，力求同步蜕壳，而且必须增加动物性饵料的数量，使动物性饵料比例占投饵总量的1/2以上，保持饵料的喜食和充足，以避免残食软壳蟹。

(2) 保持水位稳定 蜕壳期间需保持水位稳定，一般不需换水。

(3) 投饵区和蜕壳区必须严格分开 严禁在蜕壳区投放饵料，蜕壳区如水生植物少，应增投水生植物，并保持安静。

(4) 积极预防疾病 池塘养蟹一般密度较高，因此容易滋生疾病，一旦生病，就不能顺利蜕壳，应采取积极预防的措施。一是及时捞取残渣剩饵，保持池塘清洁；二是不投霉变饲料；三是发现死蟹及时掩埋，切断传染途径。

92. 常见水化因子对河蟹养殖有什么影响？怎样调节？

全面了解养殖水域的生态环境变化规律及相互之间的关系，了解水的理化性质，才能有目的地管理好水质。

(1) 酸碱度（pH） 引起水域 pH 变化的重要因素是，浮游植物的光合作用和生物残骸、排泄物等的分解。当 pH<5 时，会造成河蟹酸中毒，中毒后的河蟹表现为极度不安、上岸、呼吸急促、鳃部充血、鳃部黏液增多，最后窒息死亡；当 pH>9 时，对河蟹有强烈的腐蚀性，使河蟹鳃损伤严重，同时，使河蟹呼吸困难窒息，河蟹失去控制水分渗透压的能力而死。碱中毒后河蟹会分泌大量黏液，甚至可拉成丝，河蟹鳃部腐蚀损伤等。

河蟹养殖水体的 pH 要求中性偏碱，一般要求在 7.5 左右，pH过高或过低对河蟹养殖不利。养殖水域中的 pH 的调节，主要用石灰、石膏、明矾和重碳酸盐，只有在特殊的养殖条件下，才加入一些化学物质来调节水体中的 pH。

（2）**溶解氧**（DO） 水体中溶解分子态氧的量，直接关系到水生生物的生存与繁殖，在正常的温度、压力和盐度下，大气与水之间平衡交换，使水中溶解氧含量趋于饱和状态，从而保证水生生物良好的栖息环境。一般认为，溶解氧含量低于 2.0 毫克/升时，水生生物即受到严重威胁，溶解氧进一步下降时会引起一系列生化过程，如厌氧细菌大量繁殖，尤其底层极度缺氧时，沉积物变黑，放出硫化氢、甲烷等有害气体。因此，溶解氧的含量是衡量水质好坏的主要指标之一。

增加水体中溶解氧最有效的办法是机械增氧，在应急的情况下，可使用增氧剂，常用的增氧剂有过氧化钙、过碳酸钠和二硫酸铵等。

（3）**钙、镁离子及硬度** 水体中的钙、镁离子与水生生物的生命活动有密切的关系。钙是动物骨骼、甲壳及植物细胞壁的重要组成元素之一，缺钙会引起动植物生长发育不良，特别是限制藻类的繁殖。镁元素是叶绿素中的成分，在糖代谢中起着重要的作用，缺镁植物细胞内的核糖核酸合成将停止，氮代谢紊乱，缺镁也会影响藻类对钙的吸收。

钙、镁离子及其他 2 价以上的金属离子构成硬度，不过淡水中主要由钙、镁离子的含量所决定。硬度对水生生物具有重要的生态学意义，河蟹等甲壳类的养殖水域对硬度要求较高。

当养殖水体中的钙、镁离子和硬度偏低时，可用石灰进行调节，在某些情况下还可以适当添加一些镁制剂。

（4）**非离子氨**（NH_3） 水体中的氨对水生生物构成危害的主要是非离子氨。一般而言，随 pH 及温度的升高，非离子氨比例也增大。河蟹受氨的影响发生急性中毒时，表现为严重不安，由于水体为碱性，具有较强的刺激性，使河蟹黏液增多，充血。非离子氨对河蟹类的毒性作用主要是损害河蟹的肝、肾等组织，使河蟹的次级鳃丝上皮肿胀，黏膜增生而危害鳃，使河蟹从水中获氧能力降低，河蟹窒息死亡。

养殖水体中氨的调节，主要是投放一些沸石粉、硅藻土和高岭石，利用他们来吸附水体中的氨，另一种方法就是向养殖水体中投放有益微生物，利用微生物来解决水体中的氨，常用的有光合细菌、硝化细菌以及复合微生物。

（5）硫化物 硫化氢是一种具有生物活性的化合物，可由无机硫酸盐的厌氧分解物产生。天然水体中，硫化氢会被自然生物系统氧化为硫酸盐或生物氧化为元素硫。当水体中含有大量的硫化氢时，它能降低血液携带氧的能力，造成河蟹因缺氧而死亡。同时，硫化氢对河蟹鳃部有很强的刺激作用和腐蚀作用，使组织产生凝血性坏死，引起河蟹类呼吸困难、窒息死亡。另外，中毒河蟹血液中，肾脾中硫代硫酸盐水平增加。

硫化物的消除，可以通过曝气增氧使之氧化成硫酸根，另外一种办法即向水体中投放有益微生物制剂。

（6）亚硝酸盐（NO_2^-） 亚硝酸盐对养殖生物毒性较强，正常情况下水体中的亚硝酸盐不会达到有害的水平，如果水体中的微生态系统遭到破坏，硝化作用不能进行时，亚硝酸盐就会达到对养殖生物有害的浓度。亚硝酸盐的作用机理，主要是通过养殖生物的呼吸作用，从而导致养殖生物缺氧，甚至窒息死亡。亚硝酸盐对养殖生物的毒性，与温度、溶解氧以及氯离子的浓度等因素有关，一般情况下，当水体中的亚硝酸盐浓度达到 0.1 毫克/升时，养殖生物就会受到影响。

消除养殖水体中亚硝酸盐的方法为：投放有益微生物制剂，如光合细菌、硝化细菌和复合微生物等，另一种办法即是增加水体中氯离子的浓度，一般情况下，当水体中的氯离子浓度是亚硝酸盐浓度的 6 倍时，即可抑制亚硝酸盐对养殖生物的危害。

93. 蟹池水质调控有哪些主要方法？

养蟹池水最适的 pH 为 7.5～8.5，池水溶氧需保持在每升 5.0 毫克以上，透明度 40 厘米左右为宜，池中需保持一定的水草，覆盖面积占池水面积的 1/3～1/2。蟹池水质调控主要有三种方法：

（1）物理调控

①栽培水草：水草可吸收水中的营养盐类，净化水质，并且通过光合作用增加水中溶解氧。因此，可移殖苦草、轮叶黑藻等沉水植物，或移殖浮萍等浮水性植物，覆盖面积应达 30%～60%。

②定期注入新水：可将原来池塘里的有害物质稀释，改善溶氧条

件，从而达到改善水质的效果。

③机械增氧：适时开增氧机等机械设备，可调节水中的氧盈和氧债，以维持蟹塘的优良水体环境。用增氧机要坚持"三开两不开"，即晴天中午开机，阴天时次日清晨开机，阴雨连绵或水肥蟹多，半夜开机，傍晚不开机，阴雨天白天不开机。

（2）化学调控

①定期泼洒生石灰等化学方法改良水质：一般高温季节每隔15～20天泼洒1次，每亩水面（水深1米）用生石灰10～15千克。

②泼洒天然沸石和麦饭石：天然沸石和麦饭石具有较高的分子孔隙度和良好的吸附性，定期向养殖水体中泼洒沸石粉或麦饭石后可以去氨增氧，增加水中微量元素含量，从而起到优化养殖生态环境、促进水生动物生长的作用。

（3）生物调控　即利用微生态制剂改良水质的方法。

94. 蟹池施用生石灰应注意哪些问题？

蟹池使用生石灰，可改善水质、增加溶氧，调节水体 pH，增加水体钙离子浓度，利于蟹脱壳生长；使用不当，会造成不必要的损失。蟹池生石灰施用必须注意以下几点：

（1）掌握泼洒时间　全池泼洒以晴天15：00之后为宜，避开上午水温不稳定、中午水温过高时段，水温升高会使药性增加。夏季水温在30℃以上时，对于池深不足1米的小塘，全池泼洒生石灰要慎重，若遇天气突变，很容易造成泛塘。还要避开闷热、雷阵雨天气，否则会造成缺氧泛池现象的发生。生石灰应现配现用，以防沉淀减效。

（2）根据池塘条件　一般精养池，摄食生长旺盛，经常泼洒生石灰效果较好；新挖池因无池底淤泥，缓冲能力弱，有机物不足，不宜施用生石灰，否则会使有限的有机物加剧分解，肥力进一步下降，更难培肥水质。水体 pH 较低的池塘，要泼洒生石灰加以调节；水体 pH 较高，钙离子过量的池塘，则不宜再施用生石灰，否则会使水中有效磷浓度降低，造成水体缺磷，影响浮游植物的正常生长。

(3) 注意配伍禁忌 生石灰是碱性药物，不宜与酸性的漂白粉或含氯消毒剂同时使用，否则会降低药效。生石灰不能与化肥或铵态氮肥同时使用，容易引起鱼类的氨中毒；生石灰若与磷肥同时使用，降低磷肥肥效。

95. 在生态养蟹过程中，如何正确使用微生态制剂？

实践证明，在河蟹养殖过程中，全程使用微生态制剂，对改善蟹池生态环境，调节水质，提高河蟹机体免疫力，预防疾病，促进生长等方面有明显的效果。

(1) 微生态制剂的种类 微生态制剂按菌种分，大致可分为乳酸菌类、酵母菌类、芽孢杆菌类、光合细菌四大类。这些菌类，都是已经证明对养殖动物和水体环境有益无害的细菌，故又统称为益生菌。这些益生菌各有各的特点，如光合细菌，它能直接吸收利用水中的氨、氮、硫化氢等小分子有机体作为自身的营养，同时它自身含有丰富的蛋白质等营养可以被养殖动物吸收利用，但是它却不能利用动物的排泄物，残存的饵料，生物残体等大分子有机物；酵母菌则对减轻动物的食欲不振、消化不良的症状有明显的效果。目前，市场上出售的微生态制剂商品名五花八门，种类繁多，有几十种乃至上百种。养殖户在购买时，一定要仔细看清标签上注明其所含的主要菌种，投入水中或拌饵投喂后的主要作用机理，有针对性地使用。

(2) 微生态制剂的使用 微生态制剂在河蟹养殖生产上可以常年使用，既可以在苗种培育阶段，也可以在成蟹养殖阶段，夏季使用效果更好。主要是因为夏季池塘中河蟹等养殖动物的存塘量，增加动物排泄物，残存的饵料和水生植物的死亡，给水体生态环境平衡带来了隐患。通过使用微生态制剂，可以有效地分解水中的有毒、有害物质，维持水体生态环境平衡，确保养殖动物少发病或不发病，河蟹养殖过程中，从4～9月使用微生态制剂，在使用时要注意以下几点。一是投入池塘中的制剂经过一段时间会自然消亡，因此在养殖过程中要定期使用，一般10天左右使用1次，使用前后最好进行活化培养；二是使用后3～5天内不要大量换水，以避免这些菌种随换水而损失；三是一般在晴天中午使用效果最好；四是如果池塘中使用了消毒杀菌的药物，要等到药效消失后方可使用微生态制剂；五是微生态制剂不能替代药物治病，只能起到净化水质，改善水体生态环境、促进生长，提高机体免疫力的效果。

(3) 微生态制剂的缺陷

①在自然养殖条件下，有许多因素会影响微生态制剂的使用效果，如天气、水温、水质好坏、水体肥度和养殖种类，使用效果差异很大。

②目前的微生态制剂产品质量不稳定，检测方法混乱，无统一的国家标准，因此，养殖户最好选择大厂家的品牌产品。

③微生态制剂的保存要在避光、低温条件下，一般在 5～15℃，达不到这一保存条件，势必会造成产品菌种含量达不到商品标签上注明的含量，而且还会随着存放时间的延长而不断降低菌种含量，因此，最好购买出厂时间较短的产品，同时现买现用，尽量不要长时间存放在家中。

④有些菌种投放进水体后大量繁殖，会迅速消耗氧气，因此在使用时最好开启微孔增氧或使用增氧剂，以免造成蟹池缺氧。

96. 如何加强成蟹养殖池的日常管理？

主要有以下五个方面：

(1) 水质、水位调节 在水质调节方面，保持"鲜、活、嫩、爽"。10 天至半个月，亩施 EM 原露 1 000 毫升，吸收氨氮，维持藻相平衡，促进物质良性转化，增强蟹体免疫力。在水位调节方面，以注水为主，尽量减少换水频率。4 月前，水位控制在 50 厘米左右，以提高池水温度，促进河蟹生长；5～6 月，水位保持 70～80 厘米；夏、秋高温季节，应保持 1.5 米以上水位的时间占高温天数的 40%以上，以降低池水温度，高温期结束后，保持适中水位。

(2) 水草管理 前期应尽量控制水位，抑制伊乐藻快速生长。如果伊乐藻生长过旺，5 月采取割草头措施，割去伊乐藻上部 20～30厘米，以促进伊乐藻新的根茎，茎叶生长。

(3) 饲料投喂 由于池塘载鱼量较大，如何进行科学投喂是关键，而饲料质量又是影响河蟹规格与品质的关键因素之一。因此，应选择粗蛋白含量较高的颗粒饲料投喂，前期占 36％ 以上，中期占 30％～33％，后期占 33％～35％。投喂量按河蟹体重计算，前期在 3％～5％，中期 5％～6％，后期 6％～8％，并视天气、河蟹活动情况灵活掌握。有条件的，可适当多投喂小杂鱼，前期投新鲜小杂鱼，中期投冰冻鱼，后期冰冻鱼搭配玉米、小麦。

(4) 增氧 由于池塘生物载重量较大，应及时开启微孔管道增氧，闷热天气傍晚开机至翌日 8：00，正常天气半夜开机至翌日 7：00，连续阴雨天气全天开机，以保证池水溶氧充足。

(5) 病害防治 每半个月施用 1 次水质调节剂和底质改良剂等生物制剂，再每半个月施用 1 次水体消毒剂（以溴制剂、碘制剂为主），高温期禁用消毒剂，每月投喂 1 次药饵（中草药、免疫多糖、复合维生素为主），以提高河蟹机体抗病力。

97. 蟹种早期死亡有哪些原因和对策措施？

(1) 死亡的原因

①蟹种经过长途运输，运输过程中未能采取适当的技术保护措施，造成蟹种体内失水，下塘后吸水不适应而造成死亡。

②由于外购蟹种亲本来源复杂，加之培育过程不规范，导致蟹种的质量差、体质弱，不适应新的环境条件而死亡。

③检查蟹种时发现存在烂鳃症状和少量的纤毛虫寄生，影响蟹种的呼吸困难，造成蟹种发生病害而死亡。

④蟹种在越冬期间能量消耗大，蟹种停食，体内养分得不到有效供应，或因养殖管理不善，丝状藻类大量繁殖，河蟹鳃部被其覆盖，行动迟缓，呼吸困难，体表黏液分泌增多，而导致首次不能蜕壳后死亡。

⑤早期放养后天气变化大，易造成蟹种不适应而死亡。

(2) 采取的相关措施

①蟹种的质量好坏，直接影响蟹种放养后的成活率。应严格执行

检验检疫制度，杜绝病虫害带入，对质量差、体质弱、性早熟的蟹种要坚决剔除，对引购的蟹种要求对苗种进行消毒处理后，再行放养。有条件的养殖户，可通过组建渔业养殖联合体进行专池自行培育蟹种，对外购的蟹种应选择信誉较好的培育企业，同时，要了解其培育过程中有关养殖技术操作规程的执行情况。

②对长途外运蟹种到塘边时，要尽可能让蟹种吸足水分后再放养，方法为：每次将蟹种放到池边水中，再取出放置 5～10 分钟，连续反复 2～3 次。

③在放养后 10 天左右，对池塘进行杀虫、消毒预防处理 1 次，第 1 天用杀虫剂进行杀虫，隔 1 天再用二氧化氯或其他稳定性消毒剂进行消毒处理。注意不要使用刺激性较强的氯制剂进行消毒，防止因刺激性强的氯制剂使用后，导致对部分体质差的蟹种不适应而死亡。

④早春应对池塘施用生物肥或鸡粪等有机肥，培育一部分活性饵料。但在施放鸡粪等有机肥时，要对其进行发酵消毒处理后再施放。

⑤对引入的螺蛳和水草要进行相应的处理。防止青苔和野杂鱼、卵的带入，以免早期水瘦引起青苔的疯长，缠住蟹种出现呼吸不畅而死亡。

⑥蟹种放养后应对其集中强化培育管理，以促进蟹种早日恢复体质。最好不要立即将蟹种直接放入池塘中养殖，可在养殖池靠近水源一角处用网片围成整池面积的 20％进行强化培育，强化过程中要加强营养的供应，一般选用小杂鱼和轧碎的螺蛳等，少量多次，适当时要在鱼糜中添加维生素 C、饲料级磷酸二氢钙、蜕壳素及大蒜素，促进其生长蜕壳。待水温稳定到 18℃以上时，再将其放到整池中养殖，这样做也有利于池中水草的维护和生长。

⑦密切注意蟹种首次大量蜕壳的时期。河蟹蜕壳一般在午夜及黎明前这段时间内进行，且河蟹蜕壳时逃避敌害的能力减弱，易被敌害生物伤害或侵食。因此，要求环境相对安静，无敌害生物侵扰，减少不必要的死亡。

⑧及时收听天气预报，注意天气变化。气温较低时，应适当降低

水位，让水温能够快速升高；天气较闷时，应适量加注新水，增加水体的溶氧。

98. 成蟹夏季管理要重视哪些技术要求？

夏季天气炎热，水温较高，为确保河蟹安全度夏，提高成活率，促进河蟹快速生长，池塘养蟹管理工作尤为重要。

(1) 加强水质管理 在炎热夏季，蟹池表层水温有时可达30℃，对河蟹生长不利，水温22～25℃适宜河蟹生长。水温太高，水质易恶化，造成水体溶氧不足，河蟹纷纷离开水体，爬到池坡，摄食量明显下降，影响生长。夏季应加深池水，保持在1.5米左右，降低池水温度。5～7天换水1次，水温33℃以上，2～3天换水1次，每次换去池水的1/3，先排出部分池水，再补充新水。水源要清洁卫生，无污无毒，换水时间以傍晚为宜，中午不宜换水，以防热水灼伤蟹体，定期施用生石灰，保持pH为7.5～8.5。

(2) 移殖水草 夏季蟹池内应移殖一些水花生等漂浮植物，用绳或竹竿拦成一片，成片水草可起到遮阴降温作用，为河蟹提供阴凉的栖息环境，此外，蟹池中应栽种轮叶黑藻、苦草等，以便河蟹摄食和躲避敌害。水草的覆盖面占池面的1/3，对腐烂的水草应立即捞除，以免败坏水质，滋生病菌。

(3) 注重饵料投喂 河蟹属杂食性动物，食性广泛，对动物性饵料特别喜爱，但动物性饵料比例高会增加养殖成本，还容易使水质恶化。因此，夏季适当增加植物性饵料（小麦、马铃薯、甘薯、南瓜等），投放到固定食台上，投饵时间在19：00以后、6：00之前，投喂量为总体重的5%左右。

(4) 做好"三防"工作 坚持每日早晚巡塘，防逃、防病和防敌害。夏季雨水多，要特别注意，防止雨水冲垮池埂，造成河蟹外逃。严防敌害生物危害，防止老鼠、水蛇等的侵害，通常采取人力驱赶、工具捕捉、药物毒杀等方法。池塘养蟹密度较高，病害较多，应以防为主，发现河蟹不摄食、不活动、附肢腐烂、体表有污物等患病迹象，迅速施药治疗，减少河蟹死亡，保证河蟹快速生长。

99. 河蟹秋季增肥壮膘有哪些技术措施？

秋季是河蟹养殖的关键季节，成蟹需要快速增加体重，提高蟹黄、蟹膏的饱满度，使河蟹产品质量得到提高，增加产品的销售价格。如何促进河蟹增肥壮膘，应采取以下技术措施：

（1）补充水草、螺蛳 夏季过后，池塘内的水草、螺蛳被大量消耗，需要及时补充，为河蟹提供优质天然饵料。因此，要移栽河蟹喜吃的水草，水草覆盖率占池塘总面积的30%～50%；补放螺蛳，每亩50～100千克。

（2）饵料投喂管理 进入秋季，气温逐渐降低，水温也恢复到适合河蟹生长的范围，河蟹养殖进入最后的关键时期，是河蟹育肥时节，应适当增加精饲料投喂，如豆饼、黄豆、小杂鱼、螺蛳、蚌肉和动物下脚料等，投喂颗粒饲料要保持蛋白质在32%～36%，脂肪含量应为6%，以利于河蟹聚积体能。每天投喂2次，日投喂量是河蟹体重的5%～8%。在秋季，随着河蟹性腺的发育，河蟹傍晚时开始在池边爬行，"秋风起，蟹脚痒"，池水易变混浊。此时，在傍晚投饲不利于河蟹的摄食，所以应改"晚投"为"早投"，在上午水清时投饲，以提高饵料的利用率。

（3）水质调节管理 河蟹对水质条件要求比较高，喜欢较清瘦的水质。进入秋季，为了河蟹快速增肥，饵料的投喂量增大，导致残饵和河蟹排泄物的聚集，易引起水质突变，影响河蟹的正常生长，应加大改良水体环境的力度，可以使用EM菌、生物底改王、粒粒氧和水质改良剂等制剂来调节水质。一般每隔10～15天使用1次，以调活、调好水质与水色，使河蟹处于适宜的生长环境。

（4）合理预防疾病 要做到每天早、中、晚巡塘，一旦发现河蟹有异常情况要立即采取措施，做到无病早防，有病早治。一般每15天左右用二氧化氯或聚维酮碘溶液交替使用1次，可有效预防河蟹病害的发生。

（5）适时捕捞上市 秋季加大了投饵量，提高了饵料的营养，河蟹膘肥体壮，商品蟹性腺成熟，应及时捕捞上市，以防逃跑和营养消耗，影响河蟹品质。如果因市场等因素的影响，捕获的河蟹可用蟹箱、蟹篓或封闭的小池暂养，注意分规格、分雌雄暂养，根据市场行情适时销售。在暂养期间，要投喂一些如甘薯、南瓜、玉米、黄豆等，供河蟹摄食，防止体内营养消耗。

100. 河蟹无公害养殖后期管理有哪些具体要求？

无公害水产品必须做到从池塘到餐桌的全程质量控制，我国的河蟹养殖主产区比较集中，销售市场却很广阔，商品蟹的品质和药残是国内外近几年最敏感的问题，河蟹养殖后期的饲养、捕捞和贮运管理好坏，对提高品质和销售价位起着举足轻重的作用，养殖者必须从各环节严加防控，后期管理尤为重要。

(1) 投饵 河蟹饲养后期，将要经过一生中的最后 1 次蜕壳，壳长和体重增加幅度较大，饲料投喂要满足蜕壳和积累蟹黄、蟹膏，提高肥满度对蛋白质的需求，动物性饲料应占饲料总量的 60％以上，后期应以海、淡水小杂鱼，螺、蚌、蚬肉及动物内脏、猪血等为主；植物性饲料有豆饼、浸泡的大豆等；并适当投喂一定量的南瓜丝、马铃薯片等维生素含量高的饲料。投喂时间应在午夜为主和 8：00～9：00或 15：00～16：00，投喂量控制在池蟹体重的 5％左右，防止过多残饵败坏水质，忌投喂霉变、腐烂的劣质饵料。投喂配合饲料必须符合 NY 5072 的标准。

(2) 调水 水质要求清新、溶氧丰富，符合 NY 5051 的标准。后期换水不必太勤，水位一般稳定在 1.5 米左右，为了调节水质、预防病害和增加钙质，促进黄壳蟹向青、绿壳蟹过渡，可泼洒 1 次生石灰液，每立方米水体用生石灰 40 克左右。后期蟹池中的一些水草已变老甚至枯死，可从其他水域中捞取一些清洁、新鲜的水花生等投入蟹池，使蜕壳蟹更多地生活在水草上，避免多在水底淤泥中爬动，使体色变得灰黑，同时，水草也有调节水质的作用。

(3) 防病害 优质商品蟹除要求青壳、白肚、黄毛、金爪外，还要求甲壳光洁、螯足、附肢完整、鳃呈乳白色、半透明状，反应敏捷，游泳爬行自如。因此，在管理上要采取积极的病防措施，控制使用药物。必须用药时要符合 NY 5071 的标准,并严格执行休药期制度。后期池中河蟹个体大,善上岸,腥味重,容易引来周围的老鼠、蛇、鸟类等敌害,因而要加强巡塘,用吓赶、器械、捕捉、药物等途径消除敌害的侵袭,防止其捕食河蟹或破坏蟹的肢壳完整。同时,要保持防逃设备的完好。

(4) 捕捞 池塘成蟹一般在"重阳"节后,根据上市量大小等因素适时捕捞;网围养蟹一般从 10 月开始捕捞,防止造成超过捕捞季节"蟹过冬,影无踪"的事故。捕捞可采取徒手捕捉,地笼、罾簖、抄网、丝网等工具张捕,也可采取排水集蟹法捕捉,无论采取何种捕蟹方法,都要特别小心,以免碰伤螯足和附肢。

(5) 暂养 捕起的河蟹可在蟹箱、笼或室内短期暂养,方法是将箱、笼放到预先选择好的水较深的河沟、湖泊中,用木、竹桩固定悬吊在水中,要求箱、笼底不靠泥,定期在笼或箱内投喂一些动物性饵料和青菜等;室内暂养,每天用新鲜水喷洒 1~2 次即可。长时间暂养可在水泥池或土池中进行,暂养池事先必须用生石灰或漂白粉等药物清塘消毒,暂养密度控制在每平方米 1 千克以内,要保持水质清新,温度高时每隔 2~3 天换 1 次水,水温低时加深水位至 1.5 米,暂养期间投喂适量的动、植物性饵料。

(6) 包装 河蟹可用网袋、蒲包、泡沫箱等作为包装容器,运前蟹的鳃要吸足水分,保持湿润,按规格、雌雄分开盛放。如用泡沫箱包装,一般箱的规格为 50 厘米×40 厘米×30 厘米,底部铺上一层无毒的新鲜水草或蒲包,蟹要逐只分层平放,每箱装 20~25 千克,上部放少量湿润的水草后用箱盖压紧,高温时箱内要放一些碎冰。包装材料和运输工具必须符合食品卫生要求,不能对河蟹造成直接和间接污染。

(7) 运输 短途运输可用自行车、摩托车拖运,远途运输可用火车、汽车,最好用保温车运输。运输途中要防止互相挤压,防止爬动,做到透气,防风,防日晒雨淋,防高温。运到目的地后,应及时散放于水泥池、水族箱中,不时淋水保湿。

101. 湖泊网围河蟹怎样防止外逃?

大水面湖泊养殖河蟹,无法设置防逃设施,河蟹外逃造成很大的经济损失。河蟹外逃有一定的原因，如能正确掌握，同时采取适当措施，就可以大大减少损失。

(1) 及时捕捞，防生理成熟外逃　河蟹具有生殖洄游的生活习性，每年秋季西风一响，性成熟的河蟹便纷纷离开平时生活的淡水水域到淡咸水中交配，入海产卵。即使不具备入海条件的大水面，因河蟹"生理成熟"的需要，便会盲目上岸逃跑。所以，要及时做好捕捞工作。

(2) 提供充足饵料，防饵料不足外逃　河蟹食性很杂，但最爱吃动物性饵料，也吃食水草等植物性饵料。如果水体中投入苗种过多，天然饵料供不应求，就会出现河蟹因觅食逃走，因此，投苗种时一定要对水域中的饵料资源加以分析，做到合理放养密度。

(3) 提供良好环境，防环境不良外逃　一般来说，河蟹对水环境的适应能力很强，但超出忍受范围也会出现外逃。一是水质污染，溶氧量少，有害物质浓度大，河蟹被迫迁出；二是没有水草或水草太少。渔谚说"蟹大小，看水草"。水草对河蟹的重要性有三：一是直接作为饵料；二是间接提供饵料：水草丰富处，小鱼虾、底栖动物多，易被蟹捕食；三是能为蟹提供隐蔽、溶氧丰富、炎热时降温等良好的生活环境。防逃措施：一是投放苗种时，先放入网箱中或网围暂养数天，以适应新水环境，再开箱撤网让蟹进入湖中自由活动；二是如没有或很少有水草，要进行人工移殖苦草、水花生等，供蟹隐藏。

(4) 设置灯源，防灯光诱发外逃　河蟹具有极强的趋光性，甚至可以达到不顾被捉的危险而向灯火处爬去。因此，大水面中的河蟹逃向周围村镇、厂矿、农舍方向的现象具有普遍性。在水域的中心水面上1米左右，设置数处强灯光，可以抵消外界灯火的引诱，如果光强时，不仅可以防逃，还可把爬上岸的蟹诱回。

102.　蟹池中水草有哪些常见病害？怎样防治？

蟹池水草生长的好坏，直接关系到河蟹养殖的成败，人工养蟹由于放养密度较高、大量投饵及管理不善等多种因素，常导致水草生长不良，影响河蟹健康生长。水草疾病发生机制与鱼类疾病的发生机制一样，大多由环境不良、营养供需不平衡及生物性破坏引起，对水草的病害防治也应遵循"以防为主，防重于治"的原则，只要管理得法，病原就无法轻而易举地破坏水草。

（1）蟹池水草病害的预防措施

①把好引种关：种草在采集、运输、修剪、种植时，应认真选择，细心操作。采集种草应选生长旺盛、健壮的植株，由于水草的茎叶比较柔嫩，易受到伤害，因此在运输途中不应堆积太厚，以防止茎叶折断，种草积压时间过长还会引起缺氧腐烂，造成不应有的损失。种草应避免在阳光下暴晒，并经常洒水保持叶面湿润，种草保存时间不应过长，种植前应仔细修剪，剔除杂草的枯枝烂叶。

②种植前消毒：购买或采集的水草常携带有病原菌或寄生虫，必须经过浸泡消毒后才可种植，消毒方法是用3％食盐水浸泡15～30分钟，或0.2％硫酸铜溶液浸泡10～15分钟，或0.1％高锰酸钾溶液浸泡5～10分钟，或用20毫克/升碘伏溶液浸泡10分钟。

③合理调控密度：水草的生长密度是一个动态指标，应及时进行调整，使水草覆盖率始终保持在养殖水面的50％～70％。养殖初、中期，对水草少的池塘应及时补种或移殖，养殖中、后期随着水草的生长，水草的覆盖率往往过大，及时捞出部分水草，以防止水草生长过密引起局部缺氧腐烂，恶化水质，危害河蟹生长。

④科学调控水质：水草从水体和底质中吸取营养，应根据蟹池水质及水草生长情况适当施肥，前期适量，中期少施或不施，后期不施肥，施肥时最好施用生物肥料。采取定期换水，始终保持水质清新，给水草创造良好的生长环境。

（2）蟹池水草病害的治疗

①水质性病害：

一是水草僵化症。症状为水草生长缓慢，叶片发黑。由于水质清瘦，营养物质缺乏所致。该病多发生于水草种植初期，可施复合肥2～3千克/亩或有机肥150千克/亩，同时用微生态制剂调水。最好使用生物肥水素，见效快，效果好。

二是污物附着症。症状为水草叶片上污物较多，水质浑浊，生长明显受到抑制。由于水体悬浮物过多，透明度差，光线不足所致。全池泼洒生石灰 10～15 千克/亩，然后施用微生态制剂进行调水，同时用竹竿将水草上的污物拨洗干净。也可第一天泼洒络合铜溶液 0.7 克/米^3，第二天泼洒微生态制剂，水草便可焕发生机。

三是水草脱水症。症状为叶片较小，幼叶卷曲，随后脱落腐烂，最后整棵枯死。造成脱水症的主要原因不是因为缺水，而是施肥过量，水中无机盐浓度高，水的渗透压增大，使水草产生生理性脱水。治疗方法是大量换新水，从而降低水体肥度。另外，水草对各种消毒杀菌药物的耐受力低于鱼类，应尽量减少化学药物的使用次数和药量，多使用生物渔药，使用渔药时，仔细阅读说明书，了解它对水草的影响再选用。

②生物性病害：

一是水草的藻害。藻类是水草的天敌，单胞藻（绿藻、蓝藻等）大量繁殖，附着于水草表面，与水草争夺养分，抑制水草的生长，水草逐渐枯萎死亡。在水草种植初期，易发生该病，多由于水质过肥、光线过强引起，采取的措施是通过大量换水或用微流水，降低肥度，提高水体透明度，促进水草生长。另外密植水草，尽快使水草形成种群优势，水草有显著的克藻作用，可有效抑制藻类生长，搭配放养部分鲢、鳙鱼种，能有效防止藻类蔓延。也可采用化学灭藻剂杀灭。

二是青泥苔、水网藻引起的病害。青泥苔和水网藻大量繁殖，与水草争养分、争空间，抑制水草生长。水体较浅和有机质含量，是青泥苔和水网藻暴发的主要原因。治疗方法除人工捞出外，可在青泥苔和水网藻较集中区域泼洒硫酸铜溶液进行杀灭，无水草处不施，也可局部使用二氧化氯和漂白粉溶液，效果也很好。青泥苔和水网藻大量死亡、腐烂、极易对水体形成二次污染，应及时采用换水、调水、改底的方法进行改良。在河蟹蜕壳期忌用刺激性药物。

三是水草腐烂病。一种感染性病害，病原属于细菌。叶片呈水渍状褐斑，然后变黄，全株叶片纤维状溶于水中，传染速度很快，发病原因是运输途中长时间积压引起温度升高，细菌滋生而感染。应及时拔除病株并泼洒杀菌消毒剂，如二氧化氯和碘伏等，3 天后泼洒微生态制剂调水。对挺水植物和漂浮植物的腐烂病，可用甲基托布津或多菌灵药液稀释 1 000 倍后喷雾治疗。在喷施药物时，应注意避免直接将药液喷洒到水中，防止对河蟹造成危害。

四是水草黄萎病。水草叶片发黄脱落，该病由真菌感染引起，挺水植物和漂浮植物多发生该病，一般由于密度过大，通风、透光条件差引起，可降低植株密度，清除病弱植株，同时喷施波尔多液进行防治，浓度为硫酸铜、生石灰和水按1∶1∶200比例配制。

五是水草虫害。水草叶片被鱼类或软体动物咬噬，茎折断，残枝余叶浮于水面，受伤处易被细菌感染。防治方法是进水严格过滤，采用诱捕法清除野杂鱼，水草较小或刚种植不久，可用网片暂时与蟹类隔离一段时间，待水草转入旺盛生长期才撤去围网，甲壳虫、红蜘蛛及蚜虫等昆虫常危害漂浮型水草和挺水植物的叶片，可用90%晶体敌百虫水溶液（1‰浓度）叶面喷施治疗。

③温度因素致病：温度是影响水草生长最关键的因素之一，水草品种不同，对温度的适应范围也不同。如伊乐藻耐低温而不耐高温，冬季在冰下仍可生长；轮叶黑藻和苦草具有耐高温而不耐低温的习性，温度过高使低温型水草叶片发生灼伤，导致叶片黄化，继而脱落腐烂、溶解；伊乐藻在水温30℃以上容易发生坏死烂草现象，解决办法是高温来临之前，将浮在上层的伊乐藻割掉，根上留10厘米，即可有效防止高温引起的水草生长停滞或萎缩，严重时植株全部或局部坏死、腐烂，可用加深水位的方法进行防治。

④水草疯长：水草种植密度过大，养殖中、后期水草覆盖率过高，或者局部水草生长密度过大，阻断了水体的流动，引起局部缺氧、腐烂，造成二次污染，细菌大量繁殖，继而引发蟹病。治疗方法是发现水草疯长，及时采取间隔疏除法清除水草，捞出养殖池，一般每5～6米打一条2米宽的通道，可打成"井"字形或"川"字形。水草疯长时可交替使用此法，水草割除量控制在总量的1/3以下。水草过多的养蟹塘，也可在养殖中后期（8月初）适当放养部分草鱼种，以控制水草疯长，但放养数量不宜过多，另外可减少投饵量，迫使河蟹采食水草，也可有效防止水草疯长。当水草因生长密度过大而发生大面积腐烂时，应及时割除腐烂水草，并泼洒微生物制剂调节水质，使水草尽快恢复正常生长。

九、河蟹的捕捞与暂养

103. 什么是黄蟹？什么是绿蟹？两者如何区分？

第二年末达到成熟蜕壳前的蟹种，因其背壳呈土黄或灰黄色，通常称其为黄蟹，黄蟹的性腺尚处在初级阶段，性腺小而肝脏大，肝脏部分的重量比性腺重 20～30 倍，在长江中上游，每年 8～9 月，2 龄河蟹先后完成生命中最后一次蜕壳（又称成熟蜕壳），即进入成蟹阶段，其头胸甲长度和宽度不再增长，仅作肌肉和内脏器官的充实和增重，其背壳呈青绿色，通常称为绿蟹，河蟹进入绿蟹阶段后，性腺发育迅速，性腺明显增大。如雌蟹进入生殖洄游时，其卵巢已逐渐接近肝脏重量，当进入交配产卵阶段，卵巢重量则明显超过肝脏。黄蟹和绿蟹的区别见表 9-1。

表 9-1　黄蟹、绿蟹外形判别

外形判别	黄　蟹	绿　蟹
背甲颜色	土黄色	青绿色或墨绿色
雌蟹腹脐形状	未长足，呈三角形，不能覆盖头胸甲腹面	长足，椭圆形，可覆盖头脑甲腹面
雌蟹腹脐周边及附肢刚毛	短而稀	长而密
雄蟹螯足绒毛及步足刚毛	均短而稀疏	绒毛稠密，刚毛粗长
雄蟹交接器	软管状，未骨化	坚硬为骨质化管状体
打开头胸甲看性腺发育	肝脏明显，呈橘黄色，看不到性腺	雌蟹卵巢为 2 条紫色长条物；雄蟹精巢为 2 条白色块状物

104. 什么时间捕捞成蟹最合适？

一般 10 月中旬至 11 月上旬，是捕蟹的最佳季节。此时，河蟹完成了成熟蜕壳，基本上没有软壳蟹，而且壳质坚硬，蟹黄丰满，捕捞时不易受伤。在长江中下游，池塘养蟹应在 10 月上旬或中旬开始捕捞，到 10 月底基本捕完。如捕捞过早，一部分河蟹尚未完成生殖蜕壳变为绿蟹，其生产潜力没有充分发挥出来。而捕捞过晚，出于气候转凉，河蟹因生殖洄游，易越墙逃逸，留池河蟹也穴居越冬，不易捕捉。

105. 养殖成蟹的捕捞方法有哪些？

河蟹捕捞技术是养殖生产中不可忽略的环节之一。科学的捕捞方法为：

（1）地笼张捕　这是河蟹捕捞的主要渔具。地笼沉在水底，底网紧贴池底，形似长箱形，截面近方形，高和宽为 40～60 厘米，用毛竹片或圆铁做框架，用聚乙烯网片包裹在框架上，两端可长距离延伸，长达数十米（湖泊中使用时可延长到上百米），"地笼"由此而得名。网的下纲装有石笼，嵌入泥底，以防河蟹从网下钻逃。方形网箱的上面为盖网，水平前伸 8～10 厘米，以防河蟹从网上翻逃。地笼每隔数米开有袖口，袖囊向网内倒伸，使河蟹能进不能出。地笼的两端设有囊袋，以作收集河蟹之用。利用河蟹贴底爬行的习性，地笼在全池拦截通道，迫使河蟹进入地笼的倒袖，汇集于囊袋中。这种捕捞工具的捕捞率很高，已被各地广泛使用。

（2）徒手捕捉　面积较小的蟹池可利用生殖洄游傍晚上岸的习性，徒手捕捉。方法是头戴电瓶灯，一手提盛蟹器具（桶或袋），一手戴手套在池塘堤坡上捉蟹。

（3）流水捕捞法　成蟹开始生殖洄游后，绝大多数河蟹离开洞穴，白天大部分在水中活动，并且有抢争水口、顶流而上的习性，只要在池塘缓慢放水，在出水口处捕捉即可。

（4）**灯光诱捕** 抽出部分池水，留30～40厘米，晚上河蟹便会上岸，只要在池塘的四角点上灯，便能集中捕捞。

106. 成蟹暂养的好处与方法有哪些？如何进行暂养管理？

对于捕捞起来的商品蟹，一时来不及销售的，或留待市场紧缺时再行销售的，或等待出口外销的，都需要集中进行暂养。

（1）**商品蟹暂养的好处** 一是便于集中运输，进行远距离销售；二是通过暂养，可以待价而沽，充分利用市场上的季节差价，卖好价钱；三是通过暂养，可以育肥增重，使一部分蜕壳不久的商品蟹，通过投喂小杂鱼、黄豆、芝麻等优质饲料，达到增重育肥的目的。

（2）**暂养原则** 商品蟹的暂养，要坚持以下三项原则：

①就地暂养：根据商品蟹的来源范围、数量多少、运输距离远近，统筹考虑，建立相应的设施，就地进行暂养。

②采用正确的暂养方法：根据商品蟹的暂养数量、要求和暂养时间的长短，选择适宜的暂养工具，并提前准备好蟹笼、蟹篓、网箱等暂养设施，选择好技术方案，实行科学暂养，以提高河蟹暂养的成活率。

③分规格暂养：按照市场不同消费对象的要求，将起捕或收购的商品蟹严格挑选，分规格称重过数，分别进行暂养。凡规格在150克/只以上、附肢齐全、体质健壮、符合出口要求的，专门集中暂养，优先安排出口；凡规格在100～150克/只、身体健壮、爬行活跃的，留作大规格商品蟹集中暂养；而规格在50～100克/只的，则作为小规格商品蟹暂养，集中运往外地销售，或作为醉蟹原料出售。那些附肢不全、爬行不活跃的，则应剔除并及时销售，不宜进行暂养。

（3）**暂养方法**

①室内暂养：选用通风、保温性能较好、四壁光滑的办公用房或仓库，将室内打扫干净，并用石灰水消毒，然后将经过挑选的商品蟹放入室内，每天用新鲜水喷洒1～2次，保持室内和蟹体湿润。并根据暂养的数量和时间长短，投喂少量的小鱼、小虾，让其觅食。同时加强管理，防止逃蟹。此法实际上是室内干法贮藏，因而暂养时间不

宜过长，一般 3～5 天为宜。

②蟹笼（篓）暂养：用竹篾编成一定规格大小的蟹笼，呈鼓形，也可用枝条编成一定规格和形状的蟹篓。通常蟹笼底部直径为 40 厘米，高 40 厘米，口径 20 厘米，也有底部直径在 100 厘米以上的大蟹笼或蟹篓。还可用竹片、铁条等材料编成长方形蟹笼或蟹篓。放养量随蟹笼大小、饲养管理水平以及暂养时间而定，有条件的还可将雌、雄蟹分开装笼。选择水质条件较好、水位较深的池塘或外河，打好木桩，搭好横杆，做好跳板，将装好商品蟹的蟹笼（篓）悬吊在横杆下，笼子入水 1～1.2 米，笼底不着泥。蟹笼吊入水中后，定期向笼内投喂一定数量的动物性饵料和青菜叶等，并加强管理，以促进河蟹增肥增重，达到膘肥体壮的要求。

③水泥池暂养：在蟹池边或湖边，选择合适的地点，人工建造水泥池。面积 200～400 米^2，也可更大一些。四壁用砖砌，水泥抹平，池底为水泥底，也可以是硬泥底，深度 1～1.5 米，并建好进、排水系统和防逃设施。暂养前 20 天，用生石灰或漂白粉溶化后全池泼洒，清池消毒，待毒性消失后，即可进行商品蟹的暂养。水泥暂养池通常应在 9 月底商品蟹起捕前建好。一般每平方米可放经过挑选的商品蟹 0.6～0.75 千克。暂养期间还要定期、定量投喂小杂鱼等动物性饵料，并适量投喂青绿饲料。

④土池暂养：选择条件较好的池塘，面积 3～10 亩，水深 1.5～2 米，池底为硬底。也可按照上述要求，建设商品蟹暂养池，并建好防逃设施，提前 15～20 天清池消毒，待毒性消失后，即可收购商品蟹进行暂养。

除了上述四种暂养方法外，一些养殖规模较小的个体户，还可利用水缸、木桶以及其他一些表面光滑的容具，进行商品蟹暂养。每天将捕捉到的蟹放到水缸等容具内，待集中到一定数量时，再拿到市场上销售。

107. 商品蟹的运输有什么要求？

(1) 严格分级 商品蟹运输前，第一件工作就是要分清等级。要求做到"四分开"：一是大小要分开，要把达到规格和不符合规格的分开存放，不能混放，小蟹易死亡；二是强弱要分开，蟹壳蟹腿粗硬的蟹要与壳腿不太硬的分开，壳腿粗硬的生命力强，适于长时间的贮运；三是健残要分开，有残缺和破损的只适合于本地销售或短途运输；四是肥瘦要分开，膘肥肉壮的生命力强，成活的时间也长。

(2) 搞好包装　暂养的河蟹待其鳃部排清、肠道排空后，就可装运。包装容器的选择是否适当，对河蟹的成活率影响很大。短途的包装可以简单一些，长途运输的包装一定要完好。短途运输多采用筐笼包装方法：在筐内先衬蒲包，再把蟹放入筐内，力求把蟹放平装满，扎紧使之不能爬动，以免损伤和断足。长途运输的包装方法：先用聚乙烯网袋按规格大小、雌雄分开，装入河蟹，蟹腹部朝下整齐排列，放好打上标签后将袋口扎紧，防止河蟹在袋内爬动，然后装入泡沫箱，气温高时要在泡沫箱中放入冰块，降温、保温。包装材料应卫生、洁净。

(3) 标志　标明产品名称、等级、规格、雌雄、净含量、生产者名称和地址、包装日期、批号和产品标准号。

(4) 运输　在低温清洁的环境中装运，保证鲜活。运输工具在装货前应清洗、消毒，做到洁净、无毒、无异味。运输过程中，防温度剧变、挤压、剧然震动，不得与有害物质混运，严防运输污染。运输过程中如需要暂养、贮存，暂养用水应符合 NY 5051 的规定。

(5) 注意事项

①由于河蟹是靠鳃来呼吸水中氧气的，所以运输中必须保持河蟹身体湿润。起运前用清洁河水泼洒装运工具，使网袋内河蟹处于潮湿环境。装运时应注意轻放，禁止抛掷与挤压。泡沫箱四周要戳几个洞，使河蟹有充足的氧气呼吸，一般在气温 20℃ 左右时，河蟹能维持 1 周不死或很少死亡。

②无论是长途还是短途运输，商品蟹运到销售地区后，要立即打开包装袋出售。如确实无法及时销售，应将蟹散放于水泥池或大桶内，最好淋水保持蟹体潮湿。切忌将大批河蟹集中静养于有水容器中，防止因密度过高，水中缺氧导致河蟹大批窒息死亡。根据鱼类食品卫生法规定河蟹应鲜活出售，凡已死亡者均不得销售和加工。

十、蟹病综合防治技术

108. 如何采取综合措施控制蟹病发生？

（1）**做好池塘清整消毒** 由于养蟹塘口老化，池底淤泥较深，淤泥中藏有大量的致病微生物和氨、氮等有害物质，对日后蟹病发生留下了隐患。所以，曾经发生过蟹病或养殖多年的蟹池，必须清除池底淤泥，最好将淤泥取出池外，如条件不许可，采取放干池水，在池底开沟造埝，通过种草固淤。清淤后的蟹池，要经冰冻、日晒不少于1个月。不论新池旧塘，在放种前均应进行彻底消毒，可用高浓度的药物严格清毒，以杀灭敌害和致病微生物。

（2）**营造良好的生态环境** 冬季水温低时，经过严密的过滤，放入敌害生物少的"腊水*"。用网围拦占养蟹水面积的60％部分，在温度适宜时种植、移栽或移殖水生植物，常见沉水植物有苦草、伊乐藻、轮叶黑藻和小茨藻等；挺水植物有芦苇、蒿草等；漂浮植物有水花生、水蕹菜和浮萍等。清明前后投放经清洗、消毒过的鲜活螺蛳。

（3）**把握苗种放养关** 选择非疫病区、苗种培育阶段用药少的正宗蟹种，避免长途运输，最好配套另外池塘自育蟹种。蟹种要求肢体完整，体质健壮，无病无伤，规格整齐。放养前用药物浸浴蟹体。蟹种在3月底前放养结束，并一次放足，要求密度合理，适当稀放，按要求混养其他品种。

（4）**管护好蟹池水质** 不论是哪种养蟹方式，都要求符合水源充沛、清新、肥爽、溶氧足等条件，凡是污染严重又难以治理的水域都不能养蟹。水位要求"前浅、中深、后稳"，一般春季为0.5～0.8

---

* 腊水，指冬水。通常指水温在8～10℃的水。

米，夏季和初秋为 1.2～1.5 米，秋末、冬初为 1.2 米以上。蟹池溶氧要保持 5 毫克/升以上，水中缺氧时要及时加水、换水、开启增氧机和使用增氧剂等措施。对养蟹水域要经常观察和监测，如河蟹蜕壳难，软壳蟹多，应及时补充钙、镁、磷等营养元素。把水质硬度调为中低等，酸碱度中性偏碱。主要通过施肥、泼洒生石灰、施用微生态制剂（光合细菌、酵母菌等）进行调节。

(5) 合理选料细喂 河蟹饵料种类虽很多，但总的要求蛋白质含量应为 35%～46%。在选择饵料时要考虑多样性，从营养角度出发，青、精、荤饲料合理搭配。投喂时做到"前后精，中间粗，荤素搭配，青精结合"。即前期，蟹种经过漫长的冬季，消耗较大，为确保第 1 次蜕壳，需要营养补充；后期，是河蟹最后 1 次蜕壳和增重育肥阶段，投饵要以动物性饵料为主，如小杂鱼、螺、蚬、蚕蛹、猪血和畜禽下脚等，并要添加复合维生素、钙和铁等微量元素。中期，为高温季节，少投动物性饵料，以免不利于河蟹消化吸收，防止营养过剩而引起性早熟，采取以水草、南瓜为主，适当搭配麦类、玉米、豆饼等饲料，维持河蟹正常的新陈代谢。每天饵料投喂的时间以傍晚为主，所投饵料要新鲜，适口，不能霉变、腐烂变质。

(6) 以防为主强化管理 预防要从各环节入手，从源头做起，环环扣紧，着着不让，一抓到底。药物预防主要有三个阶段，一是第一次蜕壳前，预防寄生虫病为主；二是进入生长高峰期前，预防细菌性疾病为主；三是白露前，预防病毒性综合征为主。要选用高效、低毒、无副作用或副作用小的药物，如生石灰、强氯精、硫酸锌和中草药等。发生蟹病要及早检查，准确诊断，对症下药，采取治虫与杀菌相结合，外消与内服相结合，西药与中药相结合，不同药物交叉使用。忌滥用药、用错药、用假药，严禁使用剧毒药物治疗蟹病。饲养期间注意巡塘检查，搞好蟹池内清洁卫生，捞除剩渣残饵，病死蟹要深埋处理，防止鸟、蛇、鼠等敌害危害河蟹和传播疾病。

109. 如何做好河蟹苗种检疫和消毒工作？

为了预防和减少疾病，应开展河蟹苗种的检疫和消毒工作。

(1) 对亲蟹的暂养池应预先消毒 干池消毒时，可以将稳定性二氧化氯用清水稀释成 0.01% 浓度水溶液后，全池均匀泼洒，带水消毒时，可以将稳定性二氧化氯用少量（每 100 克药物用 30 千克清水）清水稀释后，全池均匀泼洒，使水中的药物浓度达到 3 毫克/升的浓度。

(2) 对繁殖用具用药物浸泡消毒 将二氧化氯用清水稀释成 0.001% 浓度水溶液，将网具、捞子等繁殖用具放在溶液中浸泡 5～6 小时。

(3) 下塘蟹种进行严格消毒 蟹种到达池口后，先将蟹苗箱放入池水中浸泡 2～3 分钟，再放在岸边 20 分钟左右，反复 2～3 次，避免蟹种因突然吸水而胀死。消毒的药物很多，如用高锰酸钾 50 毫克/升消毒 2 分钟即可，用 3%～5% 食盐液浸洗 20 分钟。

(4) 定期消毒 大多数蟹病流行都有一定的季节性，掌握发病规律，及时准确地在蟹病流行季节前进行药物预防，可有效增强河蟹的抗病能力。如在饲料中添加中草药，有促进消化吸收、增进食欲、提高机体免疫力、抑制病菌和杀灭病菌的作用，将药物和饲料充分搅拌，制成颗粒状药饵，连喂 5 天为一个疗程。外用药物有氯制剂、溴制剂和碘制剂等，用水稀释，全池泼洒。

110. 河蟹健康养殖如何安全用药？

提倡健康养殖除了改善养殖环境外，合理、安全地用药也是一个重要的方面。

(1) 安全用药的概念 安全用药，就是要从药物、病原、环境、河蟹本身和人类健康等方面的因素考虑，有目的、有计划和有效果地使用药物。

(2) 认识河蟹疾病及特征，对症用药 目前，已发现的河蟹疾病有数十种，致病体有病毒、细菌、真菌和寄生虫等。绝没有一种药物能治疗所有河蟹疾病，也没有一种药可治疗河蟹所有的细菌病。在预防和治疗河蟹疾病时，有目的地对症下药，才会取得较好的治疗效果。

(3) 了解药物的特点，合理用药 每一种药物都有一定的理化性状，对病原体和水产动物均有一定的作用，同时，据研究，各种水产动物对外用药的反应也存在着区别，如对强酸、强碱和盐类耐受性的强弱差异，对内服药物吸收性的差异等，根据其毒理、药理与药物之间的相互作用，选择合理的配伍、剂量，以及辅以助溶剂、增效剂等措施，是发挥药物疗效的重要保证。

(4) 保证河蟹的品质和良好的栖息生态环境，控制用药　任何药物（包括部分营养类药物）都有副作用，有的外用药物还可造成环境的极度恶化与河蟹品质的严重下降。因此，控制药物的使用浓度与用药的次数，以及采取养殖池外消毒等方法，使河蟹处于良好的生态环境，也是防治河蟹疾病的一个不容忽视的问题。

(5) 坚持以防为主的方针，有效用药　一般来说，河蟹的抗病力较强，由于长期栖息于水中，非患严重的疾病，均难察觉；另一方面，河蟹有坚韧的甲壳，药物渗透作用较差，因此，用外用药物治病效果较差；而患病时又会拒食，内服药也难发挥作用。所以，积极预防才是有效的途径。

111. 怎样用药饵法防治蟹病？

药饵法是预防和治疗蟹病的常用方法，此法对河蟹体内的寄生虫和细菌感染及保健有较好的效果。采取药饵法防治蟹病，应注意以下几点：

(1) 选药原则　河蟹药物的功能较多，主要作用有三个方面：即抑制和杀灭病原体，改良养殖环境，增强河蟹自身的抵抗力。对于抑制和杀灭病原体的功能，不可忽视药物对河蟹的副作用，药物之间可能存在着的交叉耐药性和药物的相乘、相加及相克作用。

(2) 保证病蟹吃到足够的药　一是药饵在水中稳定性要好，选用饵料必须是河蟹喜食适口的，并要使用粘合剂，药饵入水后不会很快散开，病蟹就能吃到足够的药；二是投喂药饵的量要准确，按蟹体重计算用药量，还要考虑其他摄食药饵动物（如混养塘中的鱼、虾等），尽量减少浪费，可采取先喂鱼、虾饲料，再投喂药饵；三是药饵必须投喂一个疗程（一般3～7天或7天）或待蟹停止死亡后，再继续投喂1～2天。过早停药，蟹体内的病原菌容易复发。

(3) 注意药饵的投喂方法　投喂药饵前要使用一次杀虫药物，以杀灭河蟹体表寄生虫，同时进行水质调节，确保水质良好，溶氧充足；河蟹停喂一天饵料，第二天再喂药饵。药饵以傍晚投喂为主，为病蟹、弱蟹增加摄食药饵的机会，可在第二天上午补投一次药饵。投喂药饵期间不要大量换水或补充池水，以免因刺激加重蟹病或引起复发。药饵投喂结束后，再进行一次水质调节。

112. 生石灰有哪些功效？在河蟹养殖中怎样正确使用？

(1) 作用

①调节水质：生石灰在水中溶解，生成强碱性氢氧化钙，使养殖水体呈微碱性，有利河蟹生长。同时，使水中悬浮的胶体有机物沉淀，提高水体透明度。

②增加营养：钙离子是河蟹生长不可缺少的营养元素，河蟹作为甲壳动物对钙的需要量比鱼类大得多。施用生石灰可增加水体钙离子，解决河蟹对钙的需求。

③杀灭病原体：生石灰遇水放出大量的热能，能够杀灭和抑制病原体，因此常用来清池消毒。

(2) 耐受能力　河蟹对生石灰有较强的耐受能力。在养蟹过程中，当水深1米时，每亩施用10千克为极限。

(3) 用法与用量　在干池清塘时的用量为75千克/亩；带水清塘时150千克/亩；预防蟹病及消毒时每亩用量为2.5～5千克。

(4) 注意事项　一是生石灰在下池前的管理中应防潮防水，因生石灰遇水即变为熟石灰，就失去了杀灭病害的作用；二是必须化水全池泼洒。

113. 硫酸铜有哪些功效？在河蟹养殖中怎样正确使用？

硫酸铜俗称蓝矾，为深蓝色结晶或粉末，遇水溶化，水溶液呈弱酸性。

（1）作用 硫酸铜与病原体的蛋白质结合生成蛋白盐，使其沉淀，达到杀灭病原体的目的，对原生动物和有胶质的低等藻类（如蓝藻）有较强的毒杀作用。

（2）耐受能力 据试验，河蟹在大于 1 毫克/升的硫酸铜晶体药液中，不到 48 小时全部死亡。0.8 毫克/升的浓度可杀灭水体中的青苔（网状蓝藻），但此时的河蟹反应强烈。硫酸铜对河蟹的安全浓度为 2.045 毫克/升。

（3）用法与用量 在养蟹中一般用于杀灭青苔（也称青泥苔，是一种网状藻类）。因为青苔在稻田或池塘等浅水环境中能生长繁衍，在湖泊中也有青苔发生。

用量：一般采用 0.7 毫克/升的浓度泼洒。

（4）注意事项 由于硫酸铜属重金属物质，河蟹对其较为敏感，过量使用或经常使用会引起河蟹造血功能下降，破坏肝功能，影响消化吸收。因而一是不能经常使用；二是在水体中杀灭青苔，最好直接将药液泼在青苔上，可减少用药量；三是在蟹蜕壳生长期，最好分区泼洒。

114. 漂白粉有哪些功效？在河蟹养殖中怎样正确使用？

漂白粉是次氯酸钙、氯化钙和氢氧化钙的混合物，遇水即产生氯离子，有杀菌作用，能预防和治疗多种细菌引起的疾病。

（1）作用 主要用于消毒和预防蟹病。

（2）耐受能力 漂白粉对蟹的48小时最低致死浓度为30毫克/升，48小时安全浓度应低于20毫克/升，常规遍洒使用浓度为1毫克/升。

（3）用法与用量
①漂白粉极易分解失效，故需密闭保管，置于荫凉干燥处。
②不能用金属器皿盛放漂白粉。使用时，操作人员最好戴橡皮手套。

115. 如何区分河蟹纤毛虫病，水霉病和着毛病？

纤毛虫病，水霉病、着毛病，是河蟹养殖过程中最容易感染的三种疾病，这三种疾病在症状上很相似，因此容易混淆，以致用错药。

其实，它们在症状、病因和用药上都有区别。

(1) 症状上的区别　病蟹经冲洗后，在清水中即可鉴别。纤毛虫病为棕色或黄绿色的绒毛；水霉病是灰白色棉絮状的菌丝，菌丝的末端有球状孢子或由孢子联成的黑色菌块；着毛病是较长的绿色丝状，弯曲且无规律的绒毛。

(2) 病因和病原的不同　纤毛虫病属河蟹的寄生虫病，由纤毛虫体寄生而发病，其病因与放养密度大、水质不清新、水中有机质含量过高及纤毛虫蟹种有关；水霉病属河蟹的霉菌病，是由水霉菌的侵入而发病，它的发生与水质过肥、水质不清新、注水量少、蟹体受到外来的机械损伤和敌害的破坏有密切关系；着毛病是藻类在蟹体附着增生而发病，其病因与水质过肥、水的 pH 小于 7.5、池中长有青苔等藻类微生物有关。

(3) 用药不同　纤毛虫应用杀虫的药，水霉病应用灭真菌的药，着毛病应用灭藻类的药，三者之间不可通用。在治疗以上三种疾病时，首先必须换水，改变其生态环境。

①纤毛虫的防治：蟹种放养前，用生石灰或茶籽饼彻底清塘，每立方米水体用量为 0.8～1.2 克，"虾蟹纤虫杀"全池泼洒，生长季节经常向池中加注新水，平时用"高效底质改良剂"或"速效净水灵"，可长期保持水质清新。

②水霉病的防治：用 3‰食盐水浸浴病蟹 5～8 分钟，亚甲基蓝全池泼洒，使池水中药物浓度达到 0.8～1.2 克/米^3，避免鱼体受伤，平时用"水体消毒灵"或"溴氯海因"全池泼洒，以防病菌感染。

③着毛病的防治：用生石灰水提高水的 pH，使水呈弱碱性，并用"青苔净"或"螯合铜"1 克/米^3，全池泼洒，保持清新水质，可用"高效底质改良剂"等微生物制剂改良水环境。

116.　河蟹聚缩虫病如何防治？

聚缩虫病是由聚缩虫附着在蟹的肢体上引起的蟹病。

(1) 病因　由于池水过肥，或长期不换水，使聚缩虫大量繁殖并寄生所致，病蟹的关节，步足、背部、额部、附肢及鳃上都附着聚缩虫，体表污物较多，活动及摄食能力减弱，严重者常在黎明前死亡。

（2）防治方法

①彻底清塘消毒，经常注、换池水，保持水质清新。

②每立方米水体用硫酸铜 0.25～0.6 克，兑水全池泼洒。

③每立方米水中加入新洁尔灭 0.5～1 克和高锰酸钾 5～10 克配成混合液，充分溶解后浸洗病蟹 10～15 分钟。

④每立方米水体中用茶粕粉 20 克，放在桶内，用 0.4％的食盐水浸泡 2 小时后，全池泼洒。注意：茶粕中的皂角苷能与血红蛋白起作用，因而凡是血液呈红色的水生动物均能杀灭，而蟹、虾的血液为血蓝蛋白，此浓度不会死亡。因此，养蟹、养虾池中，如需杀灭野杂鱼，可用茶粕粉。

117. 怎样防治蟹奴病？

病蟹腹部略显臃肿，打开脐盖可见 2～5 毫米，厚约 1 毫米的乳白色或半透明粒状虫体寄生于附肢或胸板上，病蟹生长迟缓，性腺不发育，被蟹奴严重寄生的河蟹，肉味恶臭，不能食用，该病发生的主要原因是池水含盐量高，蟹奴大量繁殖，幼体扩散感染所致。

（1）预防方法

①彻底清塘，杀灭塘内蟹奴幼虫，常见药物有漂白粉、敌百虫和甲醛等。

②在蟹池中混养一定量的鲤鱼，可抑制蟹奴幼体数量。

③在有发病预兆的池塘，彻底更换池水，注入新水。

（2）治疗方法

①每立方米水体用硫酸铜 5 克制成溶液，浸洗病蟹 10～20 分钟。

②硫酸铜、硫酸亚铁（5∶2）合剂全池泼洒，每立方米水体用 0.7 克。

118. 河蟹颤抖病如何防治？

颤抖病又称抖抖病、环爪病。河蟹发病初期，四肢尚能伸直，以后便往回缩不能伸直。病蟹站立不稳，翻身困难，行动无力，不能爬行，连续颤抖，无食欲并停止摄食，体内积水，4～5 天后死亡。

（1）病原 该病的病原可能是病毒、弧菌和立克次氏体等，推测是细菌原发性感染，病毒是继发性感染。

（2）病因 因清塘不彻底，池塘老化，水质不良，以及带病原物的蟹种入池等引起，病蟹摄食明显减少直至拒食，蜕壳困难，爬行缓慢，无反抗逃逸能力，常爬伏在池边浅水处或水草上，附肢不停在抖动，故称"抖抖病"。

（3）预防措施

①对池塘要彻底消毒，并应清除过多的淤泥。

②养蟹池要多植水草，水草覆盖面积要达到 50%～60%。

③加强水质管理，保持水质清洁。

④注意饲料的营养均衡，并适当适当植物性的饲料。

⑤定期用 15 毫克/升的漂白粉或 0.2 毫克/升的漂粉精度（强氯精）泼洒消毒。

（4）治疗方法

①用 15 毫克/升的漂白粉或 0.2 毫克/升的漂粉精全池泼洒，连用 2 天，7 天后用 15 毫克/升的生石灰遍洒 1 次。

②在饲料中添加用 0.1% 的土霉素或强力霉素，连用 5 天。

③每千克蟹用板蓝根 10 克、土霉素 0.1 克、吗啉胍 0.1 克，拌饲料投喂，连用 15 天。

119. 河蟹"水瘪子"病有哪些主要症状？

2015 年江苏部分养蟹重点地区的河蟹养殖发生了俗称"水瘪子"的疾病，不少养殖户损失较为严重。其主要症状为：发生"水瘪子"病的池塘，河蟹一般活力尚好，最初出现"上草、吊网、爬岸"等行为，吃食量明显减少。用地笼张捕河蟹，发病蟹容易进网，附肢不坚硬、空瘪；绝大部分病蟹仍可继续蜕壳。解剖发现，肝胰脏有不同程度的损害，肝脏细胞组织不同程度受损，严重者肝脏颜色呈灰白色；河蟹腹腔积水、水肿、糜烂、萎缩；肠道无食，可见"拉黄"现象；

部分河蟹底板发黄、发黑，有的病蟹鳃丝不正常。病蟹肝胰脏腺轻微损害的还可正常进食，中等损害的摄食量明显下降，严重损害的则完全不吃食、空肠；出现病症后多数病蟹并不会马上死亡，但一旦发病则往往难以治愈。

120. 控制河蟹"水瘪子"有哪些对策措施？

(1) 苗期管理

①选择活力好、色泽一致、淡化时间长的蟹苗。

②蟹苗在纯淡水试验杯中，四处游散迅速，无沉苗、死苗，无"飞机"苗，不购买杂苗、花苗和鸳鸯苗。

③加强苗种培育管理：河蟹大眼幼体放进育苗塘前，应培育丰富的生物饵料，以供幼体捕食。当池塘中生物量明显减少时，及时用酵素钙肥泼洒，保持池塘水质和生物量。在整个育苗过程中，坚持做好"三控一防"，即控料、控草、控水温和防缺氧。杜绝使用高残留和高刺激的药物，防止"水瘪子病"的形成。

(2) 底质管理　池塘底质在养殖管理中重要性很大，底好水就好，底好发病少，底好草就旺，所以护理池塘底质至关重要。如果在清塘时用药不当，为追求直观效果，使用高残留和高污染的清塘药，这样会严重破坏底质土壤的物理结构和生物平衡，还会使药残被土壤长久储存，危害养殖河蟹因药残对肝胰脏的影响最大，会使河蟹的肝胰腺功能下降，肝胰腺细胞萎缩甚至死亡。建议：放苗后经常用维生素 C 全池泼洒，解毒抗应激，提高肝胰腺的免疫能力。另外，定期配合使用活性蒜宝拌料投喂，确保河蟹肝肠胃的健康。

(3) 水质管理　池塘养殖过程中水体温跃层对河蟹造成危害，同时也是"水瘪子"增多的诱因。温跃层是随着温度的升高，特别是夏季，表、底水层温度相差较大，上下水体很难自由对流混合，导致水质分层。在水质处理上把它比喻成"聚毒层"，对底栖河蟹的影响非常大。当池塘底部因为死亡藻类、残饵粪便等有机物在土壤微生物的作用下，消耗大量溶解氧时，温跃层的形成就会阻碍水的对流与氧的扩散，加重池底缺氧。同时，温跃层自身无氧发酵，产生藻毒素、细菌毒素和化学毒素以及病原微生物。如果此时一旦下雨或加水，立即就会使水体对流，聚毒层的毒素和病菌会影响河蟹的健康。如果长时间阴雨，发生洪水也会导致水体中毒素物质的增多。因为阴雨天残留毒素挥发慢，危害河蟹时间长；洪水期，地下水位整体提高，滞留在底下和土壤的残留会浸透到池塘中，双重因素的影响就会导致河蟹的慢性肝胰腺疾病，形成"水瘪子"。建议：根据气候的变化调控好水质，选用净水、解毒药物于全池泼洒，傍晚或夜间用增氧药物泼洒。

（4）**饲料与投喂管理** 养殖户片面地追求饲料蛋白质的含量，而忽视了饲料蛋白的质量，使得河蟹摄食后，难消化、难吸收，给河蟹的肝胰腺带来负担，引起肝胰脏综合征，导致"水瘪子"的产生。所以，合理选配饲料、科学投喂至关重要。建议：在池塘中分 2～3 次投放螺蛳，栽种多品种水草。选择蛋白含量 32%～36% 的饲料即可，尽量不要更换蛋白含量和饲料品牌，梅雨季节严防投喂霉变的饲料。投喂量控制在以第二天上午检查无剩料为准，蜕壳期和阴雨天减量投喂；发病高峰期停止投喂。

（5）**消杀药物管理** 在河蟹养殖过程中，建立一个循环的生态养殖环境，养殖户非常难以做到位，经常顾此失彼，导致虫、青苔和蓝藻的大量暴发。遇到这三种问题时，养殖户一般都选择消杀药物清除，来得快、去得快，效果明显。但是，这样不但破坏了水环境，造成缺氧，还会给河蟹的肝肠胃鳃带来直接的刺激和慢性的毒害。使得河蟹吃料减少，免疫力下降，肝细胞萎缩，最终有可能就形成"水瘪子"。建议：应该从健康养殖角度出发，尽量避免多次使用药物消毒杀菌，提倡"养护"理念，以防为主，合理套养，科学用药。在特殊情况下，可采取局部或分段灭杀，并及时解毒和调水。

（6）**病原微生物防控** 水瘪子"的发生不是一个特定的病症体，而是由多种因素和多个病原体引发的综合症状。因此，保持好一个健康养殖的水环境，积极防控病原微生物的滋长，降低河蟹的发病率，同时也有利于"水瘪子"的康复。

121. 河蟹颤抖病治疗时要注意哪些事项?

河蟹颤抖病比较复杂，在治疗时要注意以下几点:

(1) 先杀灭蟹体外寄生虫　在治疗河蟹颤抖病时，必须先杀灭蟹体外寄生虫，否则鳃及蟹壳上的伤口就成为病原的侵袭门户，病情会更加严重；且一边治疗，一边又大量感染，就无法获得良好的治疗效果，甚至最后河蟹变得很虚弱，机体本身没有抵抗力而无法治疗。

(2) 外消与内服相结合　外泼消毒药与内服药饵必须相结合，将水体中及蟹体内外的病原都杀灭。外泼消毒药的质量一定要好，用药量要算准；不能认为外泼一次消毒药就可以了，因为外泼一次消毒药，当时可以将水体中、淤泥最表层及蟹体外的病毒、病菌杀灭，但淤泥下面的病毒、病菌则未被杀死；同时，河蟹的颤抖病尚未治愈，病蟹还会不断向水中排放病原，在疾病流行季节，尤其是热天，病毒、病菌的繁殖速度很快。

(3) 不能将药饵捏成团投喂　因河蟹主要是用 2 只螯足夹住饲料啃着吃，所以，对制备药饵的要求比治疗鱼病的更高，在水中的稳定性一定要好；同时，药饵的用量要算准。如蟹池中混养吃食鱼，则在上午、下午应先将鱼喂饱，药饵在傍晚投喂应稍推迟些，尽量使鱼少吃些药饵，同时适当增加些投喂药饵的量。

(4) 力争及早治疗　一旦疾病严重，病蟹失去食欲，就无法治疗。同时，绝对不能从每天死几百只蟹减少死几只蟹时，就认为是治好了；或为了节省药费就停止继续治疗，这将得不偿失，过几天病原体大量滋生后，病情会愈加严重，而且蟹因反复患病，自身的抵抗力会降得很低，甚至会变得无法治疗。

(5) 病死蟹要无害化处理　病死蟹一定要及时捞除深埋，不能到处乱扔，以免人为散布病原体。

122. 河蟹腐壳病如何诊断与防治?

(1) 病因与症状　腐壳病又称甲壳溃疡病、褐斑病、甲壳病、壳病和锈病。

①产生原因：该病的病原是一群能分解几丁质的细菌，如弧菌、假单胞菌、气单胞菌、螺菌和黄杆菌等。因机械损伤，其他一些细菌感染以及营养不良和环境中存在有一某些重金属的化学物质，造成蟹上表皮破损，使分解几丁质能力的细菌侵入外表皮和内表皮而导致该病发生。

②主要症状：患病病蟹步足尖端破损，成黑色溃疡并腐烂，然后步足各节及背中、胸板出现白色斑点，斑点的中部凹下，形成微红色并逐渐变成黑褐色溃疡斑点，这种黑褐色斑点在腹部较为常见，溃疡处有时呈铁锈色或被火烧状，随着病情发展，溃疡斑点扩大，互相连接成形状不规则的大斑，中心部溃疡较深，甲壳被侵袭成洞，可见肌肉或皮膜，导致河蟹死亡，并造成蜕壳未遂的症状。如果溃疡达不到壳下组织，在河蟹蜕壳后就消失，但可导致其他细菌和真菌的继发性感染，引起其他疾病的发生。

（2）流行情况　该病对幼、成蟹均可造成危害，发病率较高，发病率与死亡率一般随水温的升高而增加。由于该病的病原菌多，分布广，故流行范围亦较大，任何养殖水体（包括淡水、咸淡水与海水）均可能发生。如果病蟹腹甲发现有黑褐色斑点，可初步判断为此病，确诊需从溃疡处分离出能分解几丁质的细菌。

（3）预防方法

①在蟹的捕捞、运输与饲养过程中，操作要细心，防止受伤。

②饲料营养要全面，且水质避免受重金属离子污染。

③易发病池应适当降低放养密度，并用15～20毫克/升的生石灰全池泼洒。

④夏季经常加注新水，保持水质清洁，使池塘有5～10厘米的软泥。

⑤发现病蟹，及时隔离与消除。

（4）治疗方法

①用2毫克/升的漂白粉全池泼洒，并按每千克饲料添加1～2克的磺胺类药物投喂，连喂3～5天为一个疗程。

②用15～20毫克/升的痢菌净全池泼洒，每天1次，连续泼洒

5～7 次。

③按每千克饲料添加 0.5～1.0 的病菌净拌饵投喂，连续 1～2 周。

123. 河蟹烂爪（肢）病如何防治？

河蟹烂爪（肢）病是养殖中的常见病之一。

(1) 病症 从河蟹步足的爪部开始腐烂，一直烂至步足基部，肢节中无肉，最后断肢，直到死亡。在放养初期发病严重，以后在捕捞中也常见到。镜检表明：腐烂部位有大量弧菌、真菌，经查证，烂爪的病因是由能分解几丁质的弧菌从河蟹伤口侵入造成，真菌在其后感染。

(2) 防治方法

①扣蟹在运输时，先要扎紧网袋口，后在运输车上垫上水草或泡沫等作物，最后要将网袋等装蟹工具稍稍固定，捕捞过程中操作要轻，受伤的蟹要及时妥善处理。

②放养前要用菌毒清浸泡 5～10 分钟，然后放养。

③在饲养过程中，高温季节前后要全池泼洒二溴海因或溴氯海因防病。

④根据饲料投喂状况，决定是否需要在饲料中添加蜕壳素及蟹用多维，促进河蟹健康生长。

124. 河蟹弧菌病如何诊断与防治？

(1) 病因与症状 引起河蟹弧菌病的病原有多种弧菌，其中主要包括鳗弧菌、溶藻酸弧菌和副溶血弧菌等，该类菌主要感染血淋巴，其发生的主要原因是因为放养密度高，饲养过程中河蟹受到机械损伤或敌害侵入使蟹体表受损，水质污染，投喂人工饲料过多，导致弧菌继发性感染，病蟹腹部和附肢腐烂，体色变浅，白色不透明，发育变态停滞不前，病蟹组织中，特别是鳃组织中，有血细胞和细菌聚集成不透明的白色团块，濒死或刚死的病蟹体内有大量的凝血块，病蟹身体瘦弱，活动能力减弱，行动迟缓，匍匐在池边，多数在水的中、下层缓慢游动，趋光性差，体色变白，摄食减少或不摄食，有时病蟹呈昏迷不醒状，随着病情发展，胸足伸直失去活动能力，最终聚集在池边浅滩处死亡。

（2）流行情况与诊断 该病主要为害幼蟹、蚤状幼体甚至大眼幼体，发病率较高，死亡率可达 50％以上，若幼体染病，1～2 天内即会死亡，导致全军覆灭，该病的主要流行季节为夏季，流行水温为25～30℃。

将病蟹的血液淋巴涂片，若发现有弧状、螺旋状或 S 形的革兰氏阴性短杆菌，且具该病症状的，基本可判定为此病，对于早期患病幼体，通过身体比较透明的地方，在400倍显微镜下，可见到细菌在幼体内各组织间的血淋巴活泼游动，确诊需用弧菌多价血清进行凝集试验。

（3）预防方法

①合理放养，保持适宜的密度。

②在捕捞与运输过程中，要尽量小心，避免蟹体受伤。

③及时更换新水，调节水质，保持水质清洁，以防止因有机质增多而导致该病发生。

④在发病季节，全池泼洒 2 毫克/升漂白粉进行预防。

（4）治疗方法

①用 2～3 毫克/升的土霉素，或 1.5～2 毫克/升的强力霉素，或1 毫克/升的氟哌酸全池泼洒，每天 1 次，连用 3～5 次。

②将土霉素（每千克蟹体重 0.1～0.2 克）或强力霉素（每千克饲料 10 克）拌在饲料中，制成药物颗粒饲料后投喂，连喂 7 天为一个疗程，根据病情可连喂 1～2 个疗程。

125. 河蟹腹水病的防治方法有哪些？

河蟹腹水病是由嗜水气单胞菌、拟态弧菌和副溶血弧菌等感染引起的一种危害很大的河蟹疾病，病蟹的背甲内有大量腹水。

（1）病原 由嗜水气单胞菌、拟态弧菌和副溶血弧菌等感染引起，其中，嗜水气单胞菌较常见。

①嗜水气单胞菌：为革兰氏阴性短杆菌，大小为 0.5～1.0 微米×1.1～1.7 微米，无芽孢，无荚膜，绝大多数菌体为单个，少数为 2 个相连，极生单鞭毛，葡萄糖氧化发酵测定为发酵型产酸产气，无氯化钠胨水中生长良好，含 6％及以上氯化钠胨水中均不生长，其中 1 株菌对柠檬酸盐不利用，1 株菌对赖氨酸脱羧酶阴性和乙酰甲基甲醇试验阴性与嗜水气单胞菌不同外，其余 30 多项生理生化反应均与《伯杰氏细菌鉴定手册》第九版上的嗜水气单胞菌相同，个别生化反应不一致，是由于不同地区分离到的菌株存在的差异所致。

②拟态弧菌：为革兰氏阴性短杆菌，大小为 0.4～0.8 微米×0.8～1.4 微米，无芽孢，无荚膜，极生单鞭毛，单个或 2 个相连，菌体直或稍弯，葡萄糖氧化发酵测定为发酵型产酸，但不产气，对弧菌抑制剂敏感，乙酰甲基甲醇试验阴性，酒石酸盐反应阴性，对多黏菌素敏感等 30 多种生化反应与《伯杰氏细菌鉴定手册》第九版上的拟态弧菌相一致。

③副溶血弧菌：革兰氏阴性短杆菌，极生单鞭毛，兼性厌氧，发酵葡萄糖产酸不产气，氧化酶阳性，触酶阳性，还原硝酸盐，对弧菌抑制剂 0/129（150 微克/毫升）敏感。胞外产物具明胶酶、几丁质酶、淀粉酶、酪蛋白酶、磷脂酶等多种酶活性及溶血活性。

(2) 流行情况　全国各养蟹地区均有发生，1 龄幼蟹至成蟹均受害，在长江流域于 5～11 月均有发生，其中尤以 7～9 月为严重，发病率和死亡率均很高，发病严重的塘甚至绝产。在池中不种水草或种得很少，水质恶化，不投喂颗粒饲料的蟹塘，发病尤为严重。

(3) 症状　在疾病早期没有明显症状。严重时病蟹行动缓慢，反应迟钝，多数爬至岸边或水草上，不吃食，轻压腹部，病蟹口吐黄水。打开背甲时有大量腹水，肝脏发生严重病变，以至坏死、萎缩，由原来的黄色变为淡黄色，直至灰白色；鳃丝排列不整齐，有时有缺损，呈灰褐色以至黑色；病蟹胸部肌肉很不丰满，很瘦；折断步足有大量水流出来，步足肌肉萎缩；心脏肿大，心跳乏力；有时背甲的内膜也被烂成残缺不全，因而从背甲外面观察，背甲呈花斑状；肠内没有食物，或在近肛门处有少量粪便，有的肠内有大量淡黄色黏液；胸部和腹部连接处水肿，不能正常蜕壳，最后衰竭而死。

（4）诊断 根据症状及流行情况进行初步诊断。进行病原菌分离、培养、鉴定，作出最后确诊。如果是由嗜水气单胞菌感染引起，可采用南京农业大学动物医学院研制建立的致病性嗜水气单胞菌检验规程进行检测，直接将分离菌株鉴定到致病性嗜水气单胞菌。因嗜水气单胞的菌株很多，其中有不少菌株是不致病的，因此，如仅作细菌鉴定，还不等于已找到了病原菌。

（5）防治措施

①预防：要进行全面综合预防，具体方法详见河蟹颤抖病的预防措施。

②治疗方法：

第一步：先杀虫，如河蟹体表有固着类纤毛虫寄生，必须先杀虫。否则固着类纤毛虫寄生后，损伤鳃组织及蟹壳，这就为细菌不断入侵打开了门户，将严重影响治疗效果。

第二步：外泼消毒药及内服药饲相结合，将蟹体内外及水体中的病原菌同时杀灭。外泼消毒药可以任选一种，最好是选用无残留、无公害的二氧化氯或水产保护神、伏碘，这些药比三氯异氰脲酸、二氯异氰脲酸钠、漂白精等的费用略贵，但后者会产生诱癌物质，污染环境。外泼消毒药的次数随病的轻重而定，病轻的泼药次数少、间隔时间长；反之则泼药次数多，间隔时间短，一般为2～4次。内服药饲可以选用下列任一种：每千克饲料中加蟹安Ⅲ号10克，拌匀后制成水中稳定性好的、河蟹喜欢吃的颗粒药饵，连喂6天左右；每千克饲料中加治鳖灵1号10克，拌匀后制成水中稳定性好、河蟹喜吃的颗粒药饲，连喂6天左右。如在饲料中加些保肝解毒药及维生素C、维生素E，则疗效更好。

第三步：在停药后2天，全池外泼生石灰，将池水调成弱碱性、适合河蟹生长。并进一步加强饲养管理，使河蟹尽快康复，健康成长。

126. 河蟹水肿病如何防治？

该病是河蟹在养殖过程中，其腹部受伤感染病菌所致，病蟹腹部、腹肌以及背壳下方肿大，呈透明状，病蟹匍匐在池边，停止摄食，最后在池边浅水处死亡，防治方法：蜕壳时，尽量减少对河蟹的惊扰，不使其受伤。每立方米水体用土霉素 0.5～1 克，兑水全池泼洒。每千克河蟹用土霉素或红霉素 0.1～0.2 克，拌饵投喂，连喂7 天。

127. 河蟹上岸不下水症如何防治？

病蟹常常表现出游动不安，吃食减少，严重者大多数停留在岸上，拒食。此病主要危害三期以内幼蟹，发病快，流行广，危害大。

(1) 病因 在养殖过程中，养殖户会经常发现仔蟹，幼蟹爬到池边、网边或水草上，不愿下水的现象，称为上岸不下水症，其原因为：

①由水质差引起：在养殖过程中，剩余饲料、动植物尸体、死亡藻类、高密度仔蟹、幼蟹的生理排泄物等有机物质在水中不断积累，会产生大量的氨氮、亚硝盐酸和硫化氢等有害物质，当其超过标准时，抑制蟹的呼吸，从而引起仔蟹、幼蟹不适，不愿下水。改善方法有：适当稀释放养密度，经常适量换水或定期使用改善调节水质的生物制剂，如 PSB（光合细菌）、EM 原液和净水剂等。

②由营养不均衡引起：缺乏必需的维生素、微量元素引起的，在养殖过程中，长期营养不均衡，维生素微量元素缺乏，致使机体免疫机能下降，造成生理性病变。防治方法有：应投喂全价配合饲料，也可经常性添加适量脱壳素、多种 B 族维生素、维生素 C、叶酸、烟酸、肌醇、氯化胆碱和脂溶性 A、脂溶性 D、脂溶性 E、脂溶性 K 等。

③由细菌、病毒感染而引起：如杆菌类、弧菌类、假单胞菌类，防治方法有：可选择外用溴氯、二溴制剂，全池泼洒 2～3 次，内服红霉素、土霉素等抗菌类药物。

④由原生动物与寄生虫的原发性和继发性感染引起：如吸管虫、聚缩虫、累枝虫、病蟹体表、鳃部多伴有细绒毛状物，反应迟

钝，行动缓慢，呼吸困难且摄食减少，螯足无力，体表与附肢有油腻感。

（2）防治方法　加强投饵管理，合理放养，保持良好的水质是关键，可适时选用市面上反映较好的甲壳净、纤虫净等药剂，连续治疗1～2次。隔日再可选择外用溴氯、二溴制剂，全池连泼2～3次，可明显减少由这种缘故引起的上岸。

128. 如何防治河蟹的脱壳不遂症？

河蟹的头胸甲后缘与腹部交界处已出现裂口，但不能蜕去旧壳，导致死亡的现象，主要危害中、后期的成蟹，特别是个体较肥大的成蟹，常常会发生此病。

（1）病因　该症由河蟹感染疾病、或缺乏钙质及某些微量元素而引起。病蟹背部发黑，背甲上有明显棕色斑块，背甲后缘与腹部交界处出现裂缝，因无力蜕壳而死亡。

（2）防治方法

①检查河蟹是否患其他疾病，对症施药，进行治疗。

②每立方米水体用生石灰20克，化水全池泼洒，5天1次，连用3～4次。

③在饲料中添加适量的贝壳粉和蜕壳素，并增加动物性饲料投喂量。

129. 养殖池如何防止鼠害？

池塘养蟹面积小，河蟹密度高，腥味重，极易引来老鼠。造成鼠害。在生产上，鼠害已成河蟹成蟹阶段的主要敌害生物，老鼠在河蟹夜间活动期间出来寻食，对河蟹进行突然袭击，也有在河蟹刚蜕壳或蜕壳后数天内抵抗能力差时，被老鼠残食。此外，老鼠也可在穴居的洞中攻击河蟹。防止鼠害的方法有：

（1）养蟹池中央的蟹岛应浸没水中，养蟹池防逃墙内外四周的杂草必须清除干净，以防止老鼠潜伏和栖居。

（2）夜间在防逃墙外侧投放灭鼠药饵。

（3）在防逃墙外侧安置灭鼠工具捕杀。

（4）在防逃墙外侧基部安装"电猫"（一种高压电装置，必须请电工安置，注意安全）杀灭老鼠。

130. 养殖池如何防止鸟害？

一些小鸟如鹭鸶、翠鸟等常常啄食河蟹，蜕壳后的软壳蟹最易受其攻击而死亡。防治方法为：一般用草人威胁，或将软壳蟹移至隐蔽处免受其侵袭。

131. 如何清除蟹池中野杂鱼？

（1）事先杀灭池中的野杂鱼　在蟹种放养前要抽干池水，让池底冰冻日晒一段时间，尽量采取人工方式摸清藏在淤泥中的乌鳢、鲶等，用生石灰和茶籽饼消毒。

（2）杜绝野杂鱼的来源途经　野杂鱼进入蟹池有两个主要途径：一是在加水、换水时，野杂鱼的幼苗和受精卵随水进入；二是移殖水草、水花生等供蟹附着的水生植物时，将野杂鱼卵带入。前者在蟹池进水口加上合适的密眼网袋，即可有效地阻止野杂鱼入池；对移殖的水生植物，可通过日晒1～2天（水花生）或用药物（茶籽饼浸液等）浸泡杀灭鱼卵后入池。

（3）采用网具张捕野杂鱼　一是用密眼网片制作成提罾，设置在进水口附近，上置野杂鱼喜食的诱饵，隔半小时左右提起1次；二是在蟹池中定置地笼，每天倒笼1～2次，值得注意的是，要将笼梢口敞开高出水面，使误入笼内的蟹种能爬出；三是用抄网在水花生群落底部抄捕野杂鱼；四是用钩钓或叉捕乌鳢成鱼，在其繁殖季节发现鱼卵或幼鱼（因乌鳢的卵成团浮于水面，幼鱼成群、并有亲鱼护幼的习性），用捞网捞出。

（4）放养肉食性鱼类吃掉野杂鱼　尽管采取上述两法，可以控制蟹池中的野杂鱼的数量，但难免或多或少都有野杂鱼的存在。实践证明，在蟹池中套放不构成对蟹威胁的鳜鱼等肉食性鱼类鱼种，可起到一举两得的效果。

132. 蟹池青泥苔的危害与控制方法有哪些？

青泥苔是蟹池中常见的丝状绿藻总称，包括水绵、双星藻和转板藻。这些藻类适宜生长在透明度高的浅水处，一旦遇到适合的生态条件（水温 20℃左右）就会大量繁殖。初期藻体颜色为深绿色，呈丝状附于池底，以后渐变黄色悬于水中，衰老时，如旧棉絮浮于水面。轻者，大量藻体青苔附着河蟹体表，影响其生长和商品价值；重者，可引起池塘中鱼类缺氧中毒死亡。

(1) 彻底清淤晒塘 每年河蟹捕捞结束后，如果塘底淤泥过厚，则应清除过多的塘底淤泥，塘底淤泥的厚度不应超过 10 厘米，还应进行干塘彻底晒塘 20 天以上，这样可以杀灭大部分有害藻类的芽孢和有害病菌。养殖时青苔不容易产生。

(2) 生石灰彻底清塘 蟹池用生石灰清塘比用其他药物清塘不容易产生青苔，良好的水质保持时间比用其他药物清塘的长很多。方法是在蟹池晒塘后，在塘内注水 10 厘米左右，每亩用 150 千克以上的生石灰，兑水全池均匀遍洒。需要注意的是，生石灰全池遍洒时要均匀，如在一个地方有太多的块灰且未能溶化时，要用铁耙将其耙开。

(3) 调控水质，防止青苔的生长 在用生石灰彻底清塘后，如果没有外来青苔种的带入，一般能保持 30 天以上时间内不会生长青苔。如果水质能够调控得好，甚至可以保持 2～3 个月或更长的时间不生长青苔。调控水质的方法之一，就是施放一定的有机肥基肥和视水质情况定期的施放无机肥，施肥的数量原则上是视池塘的底质、进水水质情况而定，一般在 3～5 月份保持池塘水质的透明度在 30～35 厘米。透明度过高，说明池水偏瘦，需加大施肥量和次数；反之，就应减少施肥的次数和数量。进入 6 月份以后，养殖池水的透明度应控制在 40～45 厘米。因此，控制池水的透明度总的来说是，水温低，透明度也低；水温高，透明度应控制得大一点。

(4) 加注新水 一般水温在 5～15℃时，蟹池每 10 天左右加注新水 1 次，水温在 15～25℃时，一般每周要加注新水 1 次；水温在 25～35℃时；一般每 2～3 天加注新水 1 次。每次加注新水的数量，应控制在 3～5 厘米。要注意的是，加注的新水要求无污染、无青苔，最好是先加入囤水池，经过消毒后再注入蟹池。

(5) 投放药物杀灭青苔 当用生石灰清塘后，一般如没有外来青苔种的带入，则会保持较长的一段时间不会生长青苔。水质好的时候还能抑制青苔的生长，至少能使青苔生长得慢一些。但在水质调控不当或有外来青苔种的带入。则会造成青苔的迅速生长，当青苔大量繁殖时。则需要采用药物杀灭的方法来处理青苔。一是用硫酸铜杀灭法。硫酸铜杀灭法的用药浓度一般在每立方米水体 0.2～0.5 克，具体用药浓度要根据各地的土质、水质、气温、水温和自己的用药经验来把握。需注意的是，用硫酸铜杀灭青苔后至少要换去 1/3 的水，换水可分 3～5 天完成。换水的目的是防止因青苔腐烂引起水质恶化而缺氧，如装有纳米微孔增氧的，则可开启增氧设施防止缺氧。二是用消毒药抑制。如生石灰、漂白粉、二氧化氯等消毒药物或多或少对青苔的生长有抑制作用，但使用方法同样也要根据不同的土质、水质、气温、水温和自己的用药经验等灵活应用，用消毒药物在抑制青苔生长的同时，尤其要注意用药的量和次数，否则也会对蟹池中的水草造成实质的危害。

(6) 使用生物制剂 投放生物制剂能增加水中有益菌的浓度，从而抑制水中有害菌和有害藻类的生长，抵制池塘中青苔的生长。投放生物制剂时，可根据水质肥瘦情况适量投放肥料，以加速生物有益细菌的繁殖，增强抑制青苔生长的效果。

133. 如何防治蟹急性中毒？

河蟹急性中毒有两种症状：

（1）有毒因子在较短时间内，通过河蟹的鳃、三角膜，使河蟹背甲后缘涨裂出现假性"蜕壳"，或三角膜呈红、黑泥性异状，或河蟹的腹脐张开下垂，四肢僵硬而死亡。

（2）有毒因子通过水草、人工饲料的吃食带进，经由胃、肠的血液循环，使河蟹内分泌失常，螯足、步足与头胸部离异而死亡。

致使河蟹中毒死亡的因子，有池塘内部的，如池底有毒气体硫化氢、氨、水中生物性毒素等；有外源性的，如过高浓度用药，受有毒物感染的饲料等。

防治方法为：

①蟹种放养前，养殖池干水后每亩用100千克生石灰清塘。6～9月，每月每亩用生石灰10千克，化水后全池泼洒。

②清除池底过多的淤泥（保留5厘米）。

③在池中栽植聚草、水花生来净化水质。

④一旦出现病症，马上更换新水。

十一、河蟹的消费

134. 优质蟹的标准是什么？

优质河蟹以其安全、营养的质量深受人们的欢迎。

（1）外形标准　生产的商品蟹达到"青背、白肚、金爪、黄毛"要求。

①外观：背面呈青色，腹部灰白色，黄毛金爪。背部覆盖一层坚硬的背甲，腹部共有 7 节，弯向前方，贴在头胸部腹面。雌成蟹腹部呈圆形（团脐），雄成蟹腹部为狭长三角形（尖脐），胸部的附肢包括 1 对大螯和 4 对步足。

②运动特征：横向爬行。

（2）质量要求

①鲜活程度：外壳及螯足、步足完整，色质清晰，无异物附着，行动敏捷。

②气味：具其特有的腥鲜味。

③口味、滋味：煮（蒸）熟后，剥开背甲食用，鲜而不腻，肉质滑嫩，食后余香爽口，无异味。

（3）优质蟹标准

优质蟹品质的评价可用五个字概括：　"肥"——一星级；"大"——二星级；"腥"——三星级；"鲜"——四星级；"甜"——五星级。

肥：背厚，可看腹部"开门"宽度。宽度越大，说明肥满度越高，性腺发育好。

大：雌 150 克以上、雄 200 克以上。

腥：有一股特殊的蟹腥味。

鲜：蟹肉鲜味浓，说明蟹肉中游离氨基酸多，鲜味氨基酸多。

甜：蟹肉略带甜味，说明甘氨酸多。

135. 怎样挑选河蟹？

河蟹以鲜活为准则，挑选河蟹要掌握以下几招：

(1) 看色泽 新鲜活蟹的外壳呈青黑色，具有光泽，脐部饱满，腹部白洁；而垂死的蟹外壳呈黄色，蟹脚较软，翻正困难。

(2) 看眼部 用手去触摸其眼部，快速缩入眼窝里根本摸不着的最鲜，反之则差。

(3) 看螯足 1对钳（大螯）、8只脚（爪子）不可少一个，因为缺脚的有可能会因为伤口而使肉质变异，也会因为生理作用而使肥满度变差。

(4) 看活力 将河蟹翻转身来，腹部朝天，能迅速用螯足弹转翻回的，活力强，可保存；不能翻回的，活力差，存放的时间不能长。

(5) 看肥满度 要看河蟹的肥满度，先把河蟹的肚脐打开，只要是呈现出蛋黄色，就说明这河蟹的蟹黄很多；如果呈现白色，就说明河蟹的肥满度较差。此外，在阳光下看看河蟹盖的边缘是否透光，如果不透则蟹肉比较肥，否则可能比较空，煮出来全是水。

136. 家庭如何保存河蟹？

有的时候，亲朋送礼的河蟹往往一大篮或一大箱，一时吃不完怎么保存呢？介绍三种可以将活蟹存放1周左右时间的方法。

（1）活蟹可以放在冰箱的冷藏柜，不要放在冷冻柜。

（2）也可以"干放"（不加水存放），但一定要在阴凉处，不然它会被热死。推荐用一个盆，把河蟹放在盆里。盆中不能放水，盆上面用湿乎乎的水草或柔软的菜叶覆盖。这样不但能保证河蟹的生存环境不干不湿，又能让它获得充分的氧气。

（3）捆绑好的蟹也能加水存放，但切记水高不能盖过蟹背，让它可以在水面上呼吸。

切记，这三种保存方法能让捆绑后的蟹存活1周左右，不过最好尽快食用。绑河蟹的线不要解开，这样可以降低能耗，保存时间更久。

137. 蒸煮河蟹要注意什么？

河蟹以清蒸最能保持原汁原味的鲜美，但是在蒸煮河蟹的时候，也是有讲究的，需要注意以下几点：

（1）蒸煮河蟹时，一定要凉水下锅，这样蟹腿才不易脱落。

（2）在煮食河蟹时，宜加入一些紫苏叶、鲜生姜，以解蟹毒，减其寒性。

（3）蒸煮时应将蟹捆住，防止蒸后掉腿和流黄，生河蟹去壳时，先用开水烫3分钟，这样蟹肉很容易取下，且不浪费。

（4）蒸煮河蟹时，在水开后至少还要再煮15分钟，煮熟煮透才可以把蟹肉的病菌杀死。

138. 吃河蟹有哪些禁忌要牢记？

河蟹含有丰富的蛋白质、微量元素等营养，对身体有很好的滋补作用。但吃蟹要记住以下禁忌：

（1）切忌生吃河蟹，醉蟹也不要吃 河蟹往往带有肺吸虫的幼虫卵和副溶血性弧菌，如果不经过高温消毒，肺吸虫进入人体后会造成肺脏损伤。如果副溶血性弧菌大量侵入人体会发生感染性中毒，表现出肠道发炎、水肿及充血等症状。因此，河蟹要蒸熟蒸透，一般水开后再加热20分钟以上才能起到消毒作用。单用黄酒、白酒浸泡并不能杀死肺吸虫幼虫卵，所以醉蟹最好也不要吃。

（2）切忌吃死蟹，垂死的也不要吃 蟹体内含有丰富的组胺酸，河蟹死后，僵硬期和自溶期大大缩短。蟹体内的细菌会迅速繁殖并扩散到蟹肉中去，河蟹死的时间越长，体内积累的组胺和类组胺物质越多。人吃了死蟹后，组胺会引起过敏性食物中毒，类组胺会引发呕吐、腹痛和腹泻等，危害我们的身体。

此外，存放的熟蟹极易被细菌侵入而污染，因此，螃蟹宜现烧现吃，不要存放，万一吃不完，剩下的一定要保存在干净、阴凉通风的地方，再吃的时候必须回锅再煮熟透。

（3）勿与茶水、柿子同吃

①到任何一家饭馆，一般上门一杯茶，如果你要吃蟹，就不要茶水，吃蟹时和吃蟹后一小时内不要喝茶。因为开水会冲淡胃酸，茶会使蟹的某些成分凝固，不利于消化吸收，还可能引起腹痛、腹泻。

②蟹肥正是柿熟时，而柿子性寒，注意不要混吃。因为柿子中的鞣酸等成分会使蟹肉蛋白凝固，凝固物质长时间留在肠道内会发酵腐败，会对胃黏膜造成损害，造成恶心、呕吐、腹痛和腹泻等症状。

③啤酒性寒，如果以啤酒搭配螃蟹，寒上加寒，容易引起腹泻。所以，最好选黄酒或白酒等性温的酒类配螃蟹吃。

139. 吃蟹时需要清除哪些部位?

一是蟹胃，蟹胃俗称蟹尿包，在背壳前缘中央似三角形的骨质小包，内有污沙；二是蟹肠，即由蟹胃通到蟹脐的一条黑线；三是蟹心，蟹心俗称六角板；四是蟹鳃，即长在蟹腹部如眉毛状两排软绵绵的东西，俗称蟹眉毛。

140. 吃蟹为什么要配食姜茶、黄酒?

吃蟹一般都配食姜醋。先找一块新鲜生姜洗净切丝，再加入一些醋（镇江香醋最好），也可以再放入一些糖，这样可以去除螃蟹的腥气。

吃膏喝姜茶，用铁钎把那一点白润的凝脂挑出入口，油腥异常，呷一小口姜茶，就可以化作满嘴馨香。吃蟹后如感到肠胃不适，可用姜片煮水，趁热饮用，有暖胃功效。

吃蟹佐黄酒，把酒持螯向来是文人狂放不羁的形象。吃蟹配黄酒，可以借酒浇除蟹的寒气。

141. 河蟹有哪些简易加工方法？

水产品加工单位和养殖户通过简易加工和贮藏，可以起到解决小规格根深叶河蟹的销路和提高经济效益的效果。现介绍既适合于工厂化生产，也适合一家一户作坊式制作，城乡居民也能自己动手加工方法。

(1) 剥取蟹肉　剥取蟹肉的方法是挑选清水活蟹，用手抓住一侧蟹腿，在水中刷洗，至水清为止，用细麻绳将蟹螯、腿捆扎牢固，放在蒸锅上蒸 20 分钟，至外壳呈橘红色，离火冷却。其操作步骤是：

①剥蟹螯肉：将蟹螯掰下，面朝上放在案板上，用菜刀顺长一切为二，再用不锈钢片自制的蟹剔将肉拨出。

②剥蟹腿肉：将蟹腿掰开，切断蟹腿肢尖、根及连接腿端，再用小圆木棍擀出蟹肉。

③剔蟹盖肉：将蟹壳掰开，除去呈三角形的蟹胃，再用蟹剔拨出蟹黄。

④剥蟹身肉：先将蟹黄挖出，用菜刀将蟹身一切为二，将蟹鳃除去，用蟹剔将蟹肉拨出。值得注意的是：剥蟹肉前手和工具需严格消毒；蟹必须蒸煮熟透；取出的蟹肉不能与生食物混放一起，以防串味变质。

⑤蟹肉的贮存：将剥出的蟹肉和蟹黄，放入炒锅内，加上适量姜未、精盐、料酒及适量清水。待水烧开后，放入干净的瓷缸中，上加刚熬热的猪油（以淹没蟹肉为度），冷却后，密封缸口，置于阴凉处，食用时，拨开猪油，挖出蟹肉，立即盖好贮存。这种蟹肉，色、香、味不亚于鲜蟹，如贮藏冷库，可贮至翌年鲜蟹上市之际。

(2) 制作醉蟹　选择人工养殖的河蟹，先用竹篾圈在湖区内暂养20 天，继而装入篾篓或编织带箱中饲养 7～10 天，待其肠胃内污物全部排尽，再取出在蒲包中干搁 5～6 天，并逐只刮毛和揩干水气备用。

①配料准备：加工 50 千克醉蟹，需糯米酒 25 千克，精盐 8 千克，白糖 6 千克，生姜 4 千克，葱 4 千克，味精 400 克，花椒 200

克，八角 500 克，桂皮 500 克，茴香数百粒，红辣椒 20 只，橘皮 10 只，大曲酒 1.5 千克。

②制作卤液：炒锅烧热，放入花椒炒出香味后，加入清水烧沸，然后放入所有配料，自然冷却后成为醉卤液。

③醉制：将原料蟹在蟹脐上敷上适量花椒盐，然后投入缸中，用味道甜美可口的糯米酒徐徐浇入，干渴的河蟹争先恐后地饱饮，直至酩酊大醉，封缸月余，即成醉蟹。

④装坛封存：先将瓷坛洗净消毒，把糯米酒和醉卤液倒入，再取出醉蟹，逐只刷洗清洁，再一只一只地放入坛中，然后倒入大曲酒封面，盖上小盘子压紧，坛口上用牛皮纸或荷叶封盖并用细绳扎牢即可。加工全过程必须保持清洁卫生，不可沾上新水。

⑤醉蟹的贮藏：需长期贮藏的醉蟹在装坛密封前，在坛内滴上几滴麻油，既有助于隔绝空气，又能增加醉蟹的风味。坛或瓶装醉蟹如暂不上市，需置于阴凉通风处，最好放在 10℃ 以下的阴凉通风处。

附录1 无公害食品 中华绒螯蟹
（NY 5064—2001）

1 范围

本标准规定了中华绒螯蟹（*Eriocheir sinensis*，Chinesemi mitten crab，又名河蟹）的规格、要求、试验方法、检验规则及标志、包装、运输、贮存。

本标准适用于中华绒螯蟹活品。

2 规范性引用文件

下列文件中的条款通过本标准的引用而成为本标准的条款。凡是注日期的引用文件，其随后所有的修改单（不包括勘误的内容）或修订版均不适用于本标准，然而，鼓励根据本标准达成协议的各方研究是否可使用这些文件的最新版本。凡是不注日期的引用文件，其最新版本适用于本标准。

GB/T5009.3 食品中水分的测定方法

GB/T5009.5 食品中蛋白质的测定方法

GB/T5009.6 食品中脂肪的测定方法

GB/T5009.11 食品中总砷的测定方法

GB/T5009.12 食品中铅的测定方法

GB/T5009.15 食品中镉的测定方法

GB/T5009.17 食品中总汞的测定方法

GB/T5009.19 食品中六六六、滴滴涕残留量的测定方法

GB/T9675 海产食品中多氯联苯的测定方法

GB/T14929.4 食品中氯氰菊酯、氰戊菊酯和溴氰菊酯残留量测定方法

GB/T14931.1 畜禽肉中土霉素、四环素、金霉素残留量测定

方法（高效液相色谱法）

GB/T14931.2　畜禽肉中己烯雌酚的测定方法

NY5051　无公害食品　淡水养殖用水水质

NY5072　无公害食品　渔用配合饲料安全限量

NY5070　无公害食品　水产品中渔药残留限量

NY5073　无公害食品　水产品中有毒有害物质限量

3　规格

规格见表1。

表1　规格

规格	体　重 克/只	
	雄蟹	雌蟹
特大	≥225	≥200
大	150～224	125～199
中	100～149	75～124
小	<100	<75

4　要求

4.1　鉴别

中华绒螯蟹的鉴别，其外部形态应符合中华螯蟹分类特征，见附录A。

4.2　感官指标

感官指标见表2。

表2　感官指标

项目		指　标
体色	背	青色、青灰色、墨绿色、青黑色、青黄色或黄色等固有色泽
	腹	白色、乳白色、灰白色或淡黄色、灰色、黄色等固有色泽
甲壳		坚硬，光洁，头胸甲隆起

（续）

项目	指 标
螯、足	一对螯足呈钳状，掌节密生黄色或褐色绒毛，四对步足，前后缘长有金色或棕色绒毛
蟹体动作	活泼有力，反应敏捷
鳃	鳃丝清晰，无异物，无异臭味
寄生虫（蟹奴）	不得检出

4.3 理化指标

理化指标见表3。

表3 理化指标

项目	等 级			
	一等		二等	
	雄蟹	雌蟹	雄蟹	雌蟹
肥满度，g/cm^3	≥0.61	≥0.51	≥0.57	≥0.46
性腺占体重的百分比，%	≥3.0	≥9.5	≥2.0	≥8.0
水分，%	≤69.5	≤58.0	≤74.0	≤63.0
粗脂肪，%	≥9.0	≥9.5	≥7.0	≥9.0
粗蛋白，%	≥15.5	≥18.5	≥14.0	≥15.0

4.4 安全卫生指标

4.4.1 砷、铅、镉、汞、多氯联苯限量指标按 NY5073 规定；孔雀石绿、五氯酚钠、溴氰菊酯、土霉素、呋喃唑酮、环丙沙星、己烯雌酚限量指标按 NY5070 规定。

4.4.2 六六六限量指标≤0.1mg/kg，滴滴涕限量指标≤0.1mg/kg。

5 试验方法

5.1 感官检验

将试样放在白色搪瓷盘中，用目测、手指压、鼻嗅；打开蟹体，肉眼观察或放大镜、解剖镜检查蟹奴。

5.2　肥满度的测定

将抽取的样品按雌、雄分别测定肥满度，用量程为1 000g、灵敏度为0.1g的天平称重，用分度值为0.1cm直尺或卷尺进行壳长的测定。肥满度按式（1）计算，取平均值作为每批样品的肥满度数据。

$$K = \frac{W}{L^3} \tag{1}$$

式中：

K——肥满度；

W——体重，单位为克（g）；

L——壳长，单位为厘米（cm）。

5.3　性腺占体重百分比的测定

打开甲壳，按雌、雄分别分离卵巢或精巢，用灵敏度为0.1g的天平称体重、卵巢或精巢重。性腺占体重的百分比按式（2）计算，取平均值作为每批样品的性腺占体重的百分比数据。

$$G（\%）= （W_1/W_2）\times 100 \tag{2}$$

式中：

G——性腺占体重的百分比，单位为百分比（％）；

W_1——性腺重，单位为克（g）；

W_2——体重，单位为克（g）。

5.4　试样的制备

打开甲壳，分离肝脏、性腺；剪开步足与头胸甲底部骨骼，刮出肌肉，一只中华绒螯蟹的可食部分为肝脏、性腺、肌肉的总合，将三部分可食部分混合搅匀后作为试样，试样量不少于200g。

5.5　水分的测定

按GB/T5009.3规定进行。

5.6　粗蛋白的测定

按GB/T5009.5规定进行。

5.7　粗脂肪的测定

按GB/T5009.6规定进行。

5.8　砷的测定

按GB/T5009.11规定进行。

5.9 铅的测定

按 GB/T5009.12 规定进行。

5.10 镉的测定

按 GB/T5009.15 规定进行。

5.11 汞的测定

按 GB/T5009.17 规定进行。

5.12 多氯联苯的测定

按 GB/T9675 规定进行。

5.13 溴氰菊酯的测定

按 GB/T14929.4 规定进行。

5.14 土霉素的测定

按 GB/T14931.1 规定进行。

5.15 己烯雌酚的测定

按照 GB/T14931.2 规定进行。

5.16 孔雀石绿、五氯酚钠、呋喃唑酮、环丙沙星的测定

按 NY5070 规定进行。

5.17 六六六、滴滴涕的测定

按 GB/T5009.19 规定进行。

6 检验规则

6.1 检验批

按同一时间、同一来源（同一蟹池或同一养殖场）的中华绒螯蟹归类为同一检验批。

6.2 抽样

6.2.1 感官检验抽样：同一检验批的中华绒螯蟹应随机抽样。批量在 100 只以下（含 100 只），取样只数为 20 只；批量在 101～1 000只范围内，取样只数为批量的 7%；批量在 1 001～10 000 只范围内，取样只数为批量的 5%；批量在 10 000 只以上，取样只数为批量的 3%；样本总数不低于 20 只。

6.2.2 肥满度、性腺占体重的百分比检验抽样：从感官检验抽取的样品中随机抽样。批量在 1 000 只以下（含 1 000 只），取样只数

为雌、雄各 10 只；批量在 1 001～10 000 只范围内，取样只数为雌、雄各 15 只；批量在 10 000 只以上，取样只数为雌、雄各 20 只。

6.2.3 理化、安全卫生检验抽样：从感官检验抽取的样品中随机抽样。批量在 1 000 只以下（含 1 000 只），取样只数为至少 4 只；批量在 1 001～5 000 范围内，取样只数为 10；批量在 5 001～10 000 只范围内，取样只数为 20 只；批量在 10 000 只以上，取样量为 30 只。

6.3 检验分类

产品检验分为出厂检验和型式检验。

6.3.1 出厂检验：每批产品应进行出厂检验。出厂检验由生产单位质量检验部门执行，检验项目为感官指标及肥满度。

6.3.2 型式检验：有下列情况之一时应进行型式检验。检验项目为本标准中规定的全部项目。

a）新建养殖场水产品捕获时；

b）中华绒螯蟹养殖条件发生变化可能影响产品质量时；

c）国家质量监督机构提出进行型式检验要求时；

d）出厂检验与上次型式检验有大差异时；

e）正常养殖时，每年至少一次的周期性检验。

6.4 检验结果的评定

6.4.1 感官检验的合格率应为 95％以上。

6.4.2 安全卫生指标中各项有毒有害物质指标均应符合标准要求，各项指标中的极限值采用修约值比较法。检验结果有一项指标不合格，允许加倍抽样将此项指标复查一次，经复检后仍不合格的，则判定该批为不合格品。

7 标志、包装、运输、贮存

7.1 标志

标明产品名称、等级、净含量、生产者名称和地址、包装日期、批号和产品标准号。

7.2 包装

将蟹腹部朝下整齐排列于蒲包、网袋或其他容器中；包装材料应卫生、洁净。

7.3 运输

在低温清洁的环境中装运，保证鲜活。运输工具在装货前应清洗、消毒，做到洁净、无毒、无异味。运输过程中，防温度剧变、挤压、剧烈震动，不得与有害物质混运，严防运输污染。

7.4 贮存

活品暂养、贮存时，用水应符合 NY5051 的规定，饵料应符合 NY5072 的规定。

附 录 A

（资料性附录）

中华绒螯蟹形态特征

蟹体可分为头胸部、腹部和步足三部分。

头胸部由头胸甲和腹甲构成。头胸甲为覆盖在头胸部背面的一层坚硬的背甲，一般呈青色或墨绿色，表面起伏不平，分成许多区域，与内部器官位置一致；前缘平直，有四个额齿，中间凹缺较大，呈 U 型，左右前侧缘各有 4 个侧齿。背甲后侧缘斜向内侧，后缘与腹部交界，比较平直。头胸部的下盖为腹甲，呈灰白色，腹甲中央纵向有一凹陷的腹甲沟，周围密生绒毛。

腹部为一扁平的片状物，反折紧贴于头胸部腹面。雌蟹腹部呈圆形，雄蟹为三角形，俗称团脐和尖脐，为区别雄蟹和雌蟹最显著标志之一。步足为胸部强大的附肢，共有五对，第一对呈钳状，称螯足，掌节密生绒毛。

附录2　无公害食品　中华绒螯蟹养殖技术规范
（NY/T 5065—2001）

1　范围

本标准规定了中华绒螯蟹（Eriocheir sinensis）（以下简称河蟹）仔蟹培育、一龄扣蟹培育以及成蟹饲养技术。

本标准适用于河蟹池塘饲养，稻田饲养也可参照执行。

2　规范性引用文件

下列文件中的条款通过本标准的引用而成为本标准的条款。凡是注日期的引用文件，其随后所有的修改单（不包括勘误的内容）或修订版均不适用于本标准，然而，鼓励根据本标准达成协议的各方研究是否可使用这些文件的最新版本。凡是不注日期的引用文件，其最新版本适用于本标准。

GB 11607　渔业水质标准

GB 13078　饲料卫生指标

NY 5051　无公害食品　淡水养殖用水水质

NY/T 5055　无公害食品　稻田养鱼技术规范

NY 5071　无公害食品　渔用药物使用准则

NY 5072　无公害食品　渔用配合饲料安全限量

3　术语和定义

下列术语和定义适用于本标准。

3.1　大眼幼体 megalopa

大眼幼体又称蟹苗（以下简称蟹苗），则由 V 期溞状幼体蜕皮变态而成，对淡水敏感，有趋淡水性。七日龄大眼幼体规格为（16～18）×10^4只/kg。

3.2　仔蟹 juvenile carb

大眼幼体经一次蜕皮变成外形接近成蟹的Ⅰ期仔蟹；经三次蜕壳而成的仔蟹称为Ⅲ期仔蟹，经过五次蜕壳即成Ⅴ期仔蟹，营底栖生活，规格为 5 000 只/kg～6 000 只/kg。

3.3　扣蟹 young carb

仔蟹经过 120d～150d 饲养，培育成 100 只/kg～200 只/kg 左右的性腺未成熟的幼蟹。

4　仔蟹培育

4.1　培育池条件与设施

4.1.1　培育池选择与改建

接近水源，水量充沛，水质清新，无污染，进排水方便，交通便利的土池为好。独立塘口或在大塘中隔建均可，培育池要除去淤泥。在排水口处挖一集蟹槽，大小为 $2m^3$，深为 80cm，塘埂坡比为 1∶2～3。塘埂四周用 60cm 高的钙塑板或铝板等作防逃设施，并以木、竹桩等作防逃设施的支撑物。

4.1.2　形状

以东西向长，南北向短的长方形为宜。

4.1.3　面积

$600m^2$～$2\ 000m^2$。

4.1.4　水深

0.8m～1.2m。

4.1.5　水质

应符合 GB 11607 和 NY 5051 的规定。饲养环境具体水质要求见附录A。

4.1.6　土质

以黏壤土为宜。

4.2　放苗前的准备

4.2.1　清塘消毒

4 月上旬灌足水用密网拉网，地笼诱捕捕灭敌害生物；一周后排干池水，4 月下旬起重新注新水，用生石灰消毒，用量为 $0.2kg/m^2$。

4.2.2 设置水草

蟹苗下塘前用丝网沿塘边处拦一圈投放水草，拦放面至少为培育池面积的三分之一。为蟹苗蜕壳栖息提供附着物。

4.2.3 增氧设施

配 0.75kw 的充氧泵一台，泵上分装两条白色塑料通气管于塘内。通气管上扎有均匀的通气孔。安装时离池底约 10cm。

4.2.4 施肥培水

放苗前 7d～15d，加注新水 10cm。养殖老塘口，塘底较肥，每 667m² 施过磷酸钙 2kg～2.5kg，和水全池泼洒。新开挖塘口，每 667m² 另加尿素 0.5kg，或按每 667m² 施用腐熟发酵后的有机肥（牛粪、猪粪、鸡粪）150kg～250kg。

4.2.5 加注新水

放苗前，加注经过滤的新水，使培育池水深达 20cm～30cm，新水占 50%～70%。加水后调节水色至黄褐色或黄绿色，放苗时水位加至 60cm～80cm，透明度为 50cm，使蟹苗下塘时，以藻类为主，同时兼生轮虫，小型枝角类。如有条件，放苗前进行一次水质化验，测定水中氨态氮（NH_3-N），硝酸态氮，pH 值，如果超标，应立即将老水抽掉，换注新水。

4.3 蟹苗投放

4.3.1 蟹苗选择

选购蟹苗标准：日龄应在 6d 以上，淡化 4d 以上，盐度 3 以下；体质健壮，手握有硬壳感，活力很强，呈金黄色；个体大小均匀，规格 18×10^4 只/kg 左右。

4.3.2 蟹苗运输

蟹苗装箱前，应在箱底铺一层纱布、毛巾或水草，既保持湿润，又防止局部积水和苗层厚度不同。蟹苗称量后，用手轻轻均匀撒在箱中。运苗过程中，防止风吹、日晒、雨淋和防止温度过高或干燥缺水，也要防止撒水过多，造成局部缺氧。

4.3.3 蟹苗放养

放养密度 1000 只/m²。放苗时，先将蟹苗箱放置池塘埂上，淋洒池塘水，然后将箱放入塘内，倾斜地让蟹苗慢慢地自动散开游走，切忌一倒了之。

4.4 培育管理

4.4.1 饲料投喂

蟹苗下池后前三天以池中的浮游生物为饵料，若池中天然饵料不足可捞取浮游生物或增补人工饲料，直至第一次蜕壳结束变为Ⅰ期仔蟹。Ⅰ期仔蟹后改喂新鲜的鱼糜加猪血，豆腐糜；日投饵量约为蟹体重的100%；每天分6次投喂，直至出现Ⅲ期仔蟹为止。Ⅲ期后，日投喂量为蟹体重的50%左右，一天分3次投喂，于蜕变为Ⅴ期。此后投喂量减少至蟹体重的20%上下，同时搭喂浮萍，直至投苗后四周止。投饵方法为全池均匀泼洒。

4.4.2 水质调控

蟹苗下塘时保持水位60cm～80cm，前三天不加水，不换水，Ⅰ期仔蟹后，逐步加注经过滤的新水，水深达100cm以后开始换水，先排后进，一般日换水量为培育池水的四分之一或三分之一。每隔5d，向培育池中泼洒石灰水上清液，调节池水pH 7.5～8.0之间。

4.4.3 充气增氧

蟹苗下塘至第一次蜕壳变Ⅰ期仔蟹期间大气量连续增氧；蜕壳变态后间隔性小气量增氧，确保溶氧5mg/L以上。

4.5 仔蟹分塘

经四周培育变成Ⅴ期仔蟹后即可分塘转入扣蟹培育阶段。仔蟹的捕捞以冲水诱集捞取为主，起捕的仔蟹经过筛、分规格、分塘放养。

5 一龄扣蟹培育

5.1 育种池条件与设施

5.1.1 育种池选择与改建

水源按4.1.1有关规定。池塘，稻田为宜，塘埂坡比1：2～3。防逃设施可用钙塑板、石棉板、玻璃钢、白铁皮、尼龙薄膜等材料，防逃墙高0.6m以上。

5.1.2 形状

按 4.1.2。

5.1.3　面积

6 000m² 以下，以 1 500cm²～3 000m² 为宜。

5.1.4　水深

2m 以下，以 1.2m～1.5m 为宜。

5.1.5　水质

按 4.1.5。

5.1.6　底质

按 4.1.6。

5.2　放仔蟹前的准备

5.2.1　清塘消毒

老龄池塘应清淤晒塘。放仔蟹前 15d 进行清池消毒，用生石灰溶水后全池泼洒，生石灰用量为 0.2kg/m²。

5.2.2　移殖水草

4 月中旬开始种植水草。栽种水草与种类方法见附录 B。四周设置水花生带，带宽 50cm～80cm。特别是对于池内保持定量的水浮萍极为有利。水草移殖面积占养殖总面积的三分之二左右。

5.3　仔蟹放养

5.3.1　仔蟹质量

大小、规格均匀，附肢齐全，无病害，严禁掺杂软壳仔蟹。沿海外购仔蟹，要求无病无伤，体质要健壮。

5.3.2　放养密度

Ⅲ期仔蟹 40 只/m²～60 只/m²。Ⅴ期仔蟹 30 只/m²～40 只/m²。

5.3.3　放养时间

5 月底至 6 月中旬、下旬。

5.3.4　放养方法

沿池四周均匀摊开使仔蟹自行爬走。

5.4　饲料投喂

5.4.1　饲料种类

天然饲料（浮萍、水花生、苦草、野杂鱼、螺、蚌等），人工饲料（豆腐、豆渣、豆饼、麦子等）和配合饲料。

5.4.2　饲料质量

应符合 GB 13078 和 NY 5072 的规定。

5.4.3　投喂量

日投喂量为池内蟹体重量的 5％以内。

5.4.4　投喂时间

7 月上旬前早、晚各一次；7 月中旬至 8 月底隔天投一次，傍晚时投；9 月上旬至 11 月上旬每天投一次，傍晚时投。

5.4.5　投饵方法

7 月前 9 月后，投喂以动物性饵料占 70％以上；7 月至 9 月期间投饵以动物性饵料占 90％以上。所投饵料以面粉做成颗粒状，均匀撒在塘的四周浅水带。

5.5　水质调控

5.5.1　注水与换水

仔蟹下塘后每周加注新水一次，每次 10cm；7 月份后保持水深 1.5m 左右，7d～10d 换水一次，每次换水水深 20cm～50cm。

5.5.2　调节 pH

7 月份后泼洒生石灰水一次，每次生石灰用量为 $10g/m^3$～$15g/m^3$。

5.6　日常管理

5.6.1　巡塘值班

早晚巡视，观察仔蟹摄食、活动、蜕壳、水质变化等情况，发现异常及时采取措施。

5.6.2　防逃防鼠

下雨加水时严防幼蟹顶水逃逸。在池周设置防鼠网、灭鼠器械防止老鼠捕食幼蟹。

5.7　扣蟹起捕

采用地笼张捕、灯光诱捕、水草带上推网推捕、干塘捉捕、挖洞捉捕等多种方法，以求尽量捕尽存塘扣蟹。

6　成蟹饲养

6.1　养蟹池条件与设施

6.1.1　养蟹池选择与改建

按 4.1.1 执行。养蟹区四周挖蟹沟，面积 $2hm^2$ 以上的还要挖井字沟。池塘蟹沟宽 3m，深 0.8m；稻田四周蟹沟宽 5m～10m，深 1.2m～1.5m，中间蟹沟宽 1m，深 0.6m，稻田蟹沟面积占稻田面积的 15%～20%。

6.1.2　形状

按 4.1.2。

6.1.3　面积

池塘 5 000m² 以上为好。稻田 5 000m²～50 000m² 为宜。

6.1.4　水深

1.0m～1.5m。

6.1.5　水质

按 4.1.5。

6.1.6　土质与底泥

黏土最好，黏壤土次之，底部淤泥层不超过 10cm。

6.2　放扣蟹前的准备

6.2.1　清塘消毒

排干池水，铲除表层 10cm 以上的淤泥；晒塘冻土；放养前二周，采用生石灰消毒，用量为 $0.2kg/m^2$。

6.2.2　设置水草

按扣蟹池标准进行，具体方法见附录B。沉水植物占总面积的三分之一；浮水植物占总面积的三分之二。沉水植物区用网片分隔拦围，保护水草萌发。

6.2.3　加注新水

放种前一周加注经过滤的新水至 0.6m。

6.2.4　投放螺蛳

清明节前每公顷投放活螺蛳 4500kg.

6.3　扣蟹放养

6.3.1　扣蟹质量

规格整齐，大小 100 只/kg～200 只/kg 为好，体质健壮，爬行敏捷，附肢齐全，指节无损伤，无寄生虫附着。严禁投放性早熟扣蟹。

6.3.2 放养密度

5000 只/hm² ～9000 只/hm² 为宜。

6.3.3 扣蟹消毒

扣蟹经 3‰～4‰食盐水溶液浸洗 3min～5min 后放养。

6.3.4 放养时间

3 月底放养结束为宜。

6.3.5 放养方法

采用一次放足，三级放养。

6.4 饲养管理

6.4.1 饲料种类

植物性饲料：豆饼、花生饼、玉米、小麦、地瓜、土豆、各种水草等。动物性饲料：小杂鱼、螺蛳、河蚌等。配合饲料：按照河蟹生长营养需要，应符合 GB 13078 和 NY 5072 的规定制成的颗粒饲料。

6.4.2 投饵方法

6.4.2.1 "四看"投饵

看季节：6 月中旬前动、植物性饵料比为 60：40；6 月下旬至 8 月中旬为 45：55；8 月下旬至 10 月中旬为 65：35。看天气：天晴多投，阴雨天少投。看水色：透明度大于 50cm 时可多投，少于 30cm 时应少投，并及时换水。看摄食活动：发现过夜剩余饵应减少投饵量。蜕壳时应增加投饵量。

6.4.2.2 "四定"投饵

定时：每天两次，早晨六七点，傍晚四五点各投一次。定位：沿池边浅水区定点"一"字形摊放，每间隔 20cm 设一投饵点。定质：青、粗、精结合，确保新鲜适口，建议投配合饵料，全价颗粒饵料，严禁投腐败变质饵料，其中动物性饵料占 40%，粗料占 25%，青料占 35%。定量：日投饵量的确定按 3 月～4 月份为蟹体重的 1%左右；5 月～7 月为 5%～8%；8 月～10 月为 10%以上。每日的投饵量为早上占 30%，傍晚占 70%。

6.5 水质调控

6.5.1 水位调控

5月上旬前保持水位 0.6m，7月上旬前保持水位 0.8m～1m，7月上旬后保持水位 1.5m。

6.5.2　换水

6月～9月，每 5d～10d 换水一次；春季、秋季每隔二周换水一次，每次换水水深 20cm～30cm，先排后灌。

6.5.3　pH 值调节

每两周施泼一次生石灰，生石灰用量为 $10g/m^3$～$15g/m^3$ 左右。

6.5.4　透明度

30cm～50cm。

6.5.5　溶解氧

5mg/L 以上。

6.6　底质调控

适量投饵，减少剩余残饵沉底；定期使用底质改良剂（如投放过氧化钙、沸石等，投放光和细菌，活菌制剂）；晴天采用机械池内搅动底质，每两周一次，促进池泥有机物氧化分解。

6.7　病害防治

6.7.1　预防方法

预防应采取如下措施：

a）干塘清淤和消毒；

b）种植水草和移殖螺蚬；

c）苗种检疫和消毒；

d）调控水质和改善底质。

6.7.2　治疗方法

病害防治药物的使用执行 NY 5071 标准。

6.8　日常管理

6.8.1　巡塘

结合早晚投饵察看蜕壳生长，病害、敌害情况，检查水源是否污染。

6.8.2　防逃

检查防逃设施，及时修补裂缝。

6.8.3　稻田管理

按 NY/T 5055 执行。

6.9 捕捞收获

6.9.1 捕捞

10 月～11 月，地笼张捕为主，灯光诱捕、干塘捕捉为辅。

6.9.2 暂养

在水质清晰的大塘中设置上有盖网的防逃设施网箱，捕捉的成蟹应经 2h 以上的网箱暂养，经吐泥滤脏后才能销售。暂养区用潜水泵抽水循环，加速水的流动，增加溶氧。

6.9.3 运输

暂养后的成蟹分规格，分雌、雄，分袋包装，保温运输至市场销售。

附 录 A
（资料性附录）
中华绒螯蟹饲养环境质量要求

A.1 水温

适宜 15℃～30℃，最佳 22℃～25℃。

A.2 溶氧

溶氧≥5mg/L。

A.3 pH

适宜 7.0～9.0，最佳 7.5～8.5。

A.4 透明度

适宜 30cm～50cm，最佳 50cm 以上。

A.5 硝酸氮（NH_3-N）

NH_3-N≤0.1mg/L。

A. 6　硫化氢（H_2S）

不能检出。

A. 7　淤泥厚度

淤泥厚度<10cm。

A. 8　底泥总氮

底泥总氮<0.1%。

附　录　B
（资料性附录）
水草栽培方法

B. 1　基本要求

养蟹池中的水草分布要均匀，种类要搭配，挺水性、沉水性及漂浮性水草合理栽植，保持相应的比例，以适应河蟹生长栖息的要求。

B. 2　栽插法

这种方法一般在蟹种放养之前进行，首先浅灌池水，将轮叶黑藻、金鱼藻等带茎水草切成小段，长度约15cm～20cm，然后像插秧一样，均匀地插入池底。池底淤泥较多，可直接栽插。若池底坚硬，可事先疏松底泥后再栽插。

B. 3　抛入法

菱、睡莲等浮叶植物，可用软泥包紧后直接抛入池中使其根茎能生长在底泥中，叶能漂浮水面。每年的3月份前后，也可在渠底或水沟中，挖取苦草的球茎，带泥抛入水沟中，让其生长，供河蟹食用。

B. 4 移栽法

茭白、慈姑等挺水植物应连根移栽，移栽时，应去掉伤叶及纤细劣质的秧苗，移栽位置可在池边的浅滩处，要求秧苗根部入水在 10cm～20cm 之间，整个株数不能过多，每 667m² 保持 30～50 棵即可，否则会大量占用水体，反而造成不良影响。

B. 5 培育法

瓢莎、青萍等浮叶植物，可根据需要随时捞取，也可在池中用竹杆、草绳等隔一角落，进行培育。只要水中保持一定的肥度，它们都可生长良好。若水中肥度不大，可用少量化肥化水泼洒，促进其生长发育。水花生因生命力较强，应少量移栽，以补充其他水草之不足。

B. 6 播种法

近年来最为常用的水草是苦草。苦草的种植则采用播种法，对于有少数淤泥的池塘最为适合。播种时水位控制在 15cm，先将苦草籽用水浸泡一天，再将泡软的果实柔碎，把果实里细小的种子搓出来。然后加入约 10 倍于种子量的细沙壤土，与种子拌匀后播种。播种时要将种子均匀撒开。播种量每公顷水面用量 1kg（干重）。种子播种后要加强管理，提高苦草的成活率，使之尽快形成优势种群。

参 考 文 献

陈蓝荪．2016．河蟹电子商务发展现状与趋势研究（上）〔J〕．科学养鱼，1：1-2．

陈蓝荪．2016．河蟹电子商务发展与趋势研究（下）〔J〕．科学养鱼，2：1-4．

江苏省海洋与渔业局．2006．江苏渔业高效生态养殖式〔M〕．南京：江苏科学技术出版社．

江苏省海洋与渔业局．2010．江苏渔业十大主推〔M〕．北京：海洋出版社．

林乐蜂．2007．河蟹生态养殖与标准化管理〔M〕．北京：中国农业出版社．

马爱国．2007．无公害农产品管理与技术〔M〕．北京：中国农业出版社．

宋长太．2008．淡水珍品健康养殖技术〔M〕．北京：中国农业科学技术出版社，

宋长太．2014．渔业科技示范户必备手册〔M〕．武汉：湖北科学技术出版社．

王武．2009．水产健康养殖林术210问〔M〕．上海：中国农业出版社．

王武．2010．河蟹生态养殖〔M〕．北京：中国农业出版社．

许步勋．2001．河蟹科学养殖技术〔M〕．北京：金盾出版社．

徐在宽．2005．河蟹无公害养殖重点、难点与实例〔M〕．北京：科学技术文献出版社．

赵乃刚．1999．河蟹增养殖技术〔M〕．北京：中国农业出版社．

中国水产杂志社．1998．中国名特优经济水产品养殖〔M〕．上海：上海科学技术出版社，

周刚．2010．轻轻松松学养蟹〔M〕．北京：中国农业出版社．

周刚．2012．河蟹规模化健康养殖技术〔M〕．北京：中国农业出版社．

朱清顺．2003．河蟹无公害养殖综合技术〔M〕．北京．中国农业出版社．

图书在版编目（CIP）数据

河蟹健康养殖百问百答/周刚，宋长太主编．—2
版．—北京：中国农业出版社，2017.1
　　（一线专家答疑丛书）
　　ISBN 978-7-109-21809-3

　　Ⅰ．①河…　Ⅱ．①周…②宋…　Ⅲ．①中华绒螯蟹—
淡水养殖—问题解答　Ⅳ．①S966.16-44

中国版本图书馆 CIP 数据核字（2016）第 145180 号

中国农业出版社出版
（北京市朝阳区麦子店街 18 号楼）
（邮政编码 100125）
责任编辑　林珠英

中国农业出版社印刷厂印刷　新华书店北京发行所发行
2017 年 1 月第 2 版　2017 年 1 月第 2 版北京第 1 次印刷

开本：880mm×1230mm 1/32　印张：6.25
字数：190 千字
定价：19.00 元
（凡本版图书出现印刷、装订错误，请向出版社发行部调换）